思维导图：

如何学

如何用

如何教

杜玉霞

贺卫国

杜文棐

编著

iCourse · 教材

国家精品

在线开放课程

配套教材、

中国大学 MOOC

教师教学能力提升

配套教材

高等教育出版社 · 北京

图书在版编目（CIP）数据

思维导图：如何学 如何用 如何教 / 杜玉霞，贺卫国，杜文楽编著．-- 北京：高等教育出版社，2020.8
ISBN 978-7-04-053567-9

Ⅰ．①思… Ⅱ．①杜… ②贺… ③杜… Ⅲ．①思维方法－教学研究 Ⅳ．① B804

中国版本图书馆 CIP 数据核字 (2020) 第 020094 号

思维导图：如何学 如何用 如何教
SIWEI DAOTU：RUHE XUE RUHE YONG RUHE JIAO

策划编辑 高瑜珊 王雅君
责任编辑 王雅君
书籍设计 姜 磊
插图绘制 于 博
责任校对 刘 莉
责任印制 耿 轩
出版发行 高等教育出版社
社 址 北京市西城区德外大街 4 号
邮政编码 100120
印 刷 人卫印务（北京）有限公司
开 本 787 mm×1092 mm 1/16
印 张 12.75
字 数 250 千字
购书热线 010-58581118
咨询电话 400-810-0598
网 址 http://www.hep.edu.cn
http://www.hep.com.cn
网上订购 http://www.hepmall.com.cn
http://www.hepmall.com
http://www.hepmall.cn
版 次 2020 年 8 月第 1 版
印 次 2020 年 8 月第 1 次印刷
定 价 45.00 元

物 料 号 53567-00

内容提要

本书是国家精品在线开放课程、教师教学能力提升MOOC“思维导图的教学应用”的配套教材。本书在“思维导图的教学应用”课程的基础上，进行了拓展，全面介绍了思维导图在多种场景的应用。

第一编：如何学，包括两章内容，主要讲解思维导图的特征与功能、如何创作思维导图等；第二编：如何用，也包括两章内容，主要介绍在学习、生活中应用思维导图的场景、方法与技巧；第三编：如何教，主要向教师群体介绍思维导图在教学准备、课堂教学、教师专业发展三个方面的应用案例。

本书适合对思维导图感兴趣的学习者使用，特别适用于希望通过思维导图提升教学效果的一线教师。另外，学习者还可登录中国大学MOOC平台选学“思维导图的教学应用”课程。

前　言

由杜玉霞教授和贺卫国博士共同主持的“思维导图的教学应用”是全国“教师教学能力提升MOOC”课程之一。本课程自2017年在中国大学MOOC上线以来，受到海内外学员的青睐，并于2018年入选“国家精品在线开放课程”。目前，已有20万人次选学了“思维导图的教学应用”，大多数学员反馈课程内容实用有趣，并深切地感受到思维导图是提升学习、工作与生活效率和质量的新利器。

课程上线后，不断有学员通过各种渠道建议我们为课程编写配套教材，随着日益增多的需求，我们将教材编写提上日程。在与编辑多次商讨后，我们确定了教材的三大模块——如何学、如何用、如何教，使教材既有对“思维导图的教学应用”课程全部内容的系统梳理，又有对课程内容的调整与深化拓展。在“如何学”“如何用”模块，分别纳入在线开放课程“人是如何学习的”“人人必会的思维导图”的相关内容。这样编排既能帮助学习思维导图零基础的读者快速掌握思维导图的原理与不同领域的应用要领，又能帮助已经学完两门在线课程的学员进一步梳理、掌握思维导图精髓与深层原理。

本书虽然是以“思维导图的教学应用”为基础编写的，且融入了“人人必会的思维导图”“人是如何学习的”在线课程的内容，但它不仅仅是课程内容的文本化呈现，而是在课程内容的基础上，经过广泛的文献查阅和深入分析后，针对当前思维导图应用中存在的各种问题而编写的，可以说是课程的升级版。我们希望读者通过循序渐进的七章内容，能深刻理解思维导图的内涵与本质特征，深入体会思维导图的作用与功能，既不将其夸大成“万能工具”，也不轻视它作为革命性思维工具的重要价值，最终在学习、生活与工作中恰当有效地应用思维导图。

本书内容共有三编七章。第一编是“如何学”，包括两章内容，主要讲解思维导图的特征与功能、如何创作思维导图等内容；第二编是“如何用”，也包括两章内容，主要介绍在学习、生活中应用思维导图的场景、方法与技巧；第三编是“如何教”，主要向教师群体介绍思维导图在教学准备、课堂教学、教师专业发展三个方面的应用案例。

本书理论部分，客观介绍了在学习科学、认知科学等领域与思维导图相关的前沿研究成果；实践应用部分，案例生动，涵盖了个人学习、生活与工作的各方面，不只是思维导图的简单展示，还剖析了不同场景应用思维导图的思维方法与过程。读者在使用时，与“思维导图的教学应用”“人人必会的思维导图”课程配合使用效果更佳。

本书能够编写成稿，得益于许多朋友和同行的支持，更是课程团队齐心协力共同奋斗的结晶。本书是在整理三门在线课程内容的基础上，逐步扩展丰富而成的。本书第一、二章、七章主要由杜玉霞负责编写，第三、五章主要由杜文棐负责编写，第四、六章主要由贺卫国负责编写，杜玉霞和贺卫国负责全书的统稿和修改完善工作。感谢课程团队成员的鼎力支持：感谢刘晓芹、赵淑芳、郑燕芬整理第一章的资料并创作部分思维导图作品；感谢李惠乾、吴霞、吴若为整理第二章的资料并创作部分思维导图作品；感谢刘晓芹、邓丹玫整理第五章的资料并创作部分思维导图作品；感谢吴强、刘华津整理第六章的部分案例；感谢郭海英、张东升、赵淑芳、吕贵香整理第七章的资料并编写部分内容。感谢李立君博士、曹卫真教授、杨琳博士对本书修改提出的宝贵建议，感谢郭海英校长、张东升校长、刘少玲校长、郭友明校长、廖令洁主任、胡睿华老师组织相关教师提供案例，感谢邓丹玫老师等各位案例提供者的支持。

感谢北京大学汪琼教授、冯菲博士、尚俊杰教授在课程设计与开发过程中的指导与帮助；感谢西北师范大学张筱兰教授推荐我们加入“教师教学能力提升MOOC”这个大家庭并给予多方面支持帮助；感谢南京师范大学沈书生教授，浙江大学刘徽副教授，华南师范大学徐福荫教授、胡钦太教授、黄慕雄教授、谢幼如教授、焦建利教授、刘晓斌副教授，南宁师范大学杨上影高级工程师，以及其他不能一一提及姓名的众多前辈与同行们在课程建设与完善等方面的支持帮助！

感谢广州大学教育学院和教务处相关领导和同事的关心支持，感谢广东财经大学相关领导和同事们的关心支持，感谢华南师范大学教务处、历史文化学院相关领导与老师的支持帮助。

感谢高等教育出版社的编辑们，特别是吴博主任、张忠月主任、肖冬民老师、高瑜珊老师、王雅君老师一路走来的支持。

最后，感谢课程学员的主动参与与积极分享，使我们更好地了解到学习者在思维导图学习与应用过程中存在的问题与需要的帮助，提高了本书的针对性、实用性和完备性。我们期待广大读者能够与作者、与“思维导图的教学应用”“人人必会的思维导图”“人是如何学习的”课程的教学团队，进一步探讨如何发挥思维导图这个革命性思维工具的作用，让我们的学习与工作更高效，生活更美好！

杜玉霞　贺卫国　杜文棐

2020 年 7 月于广州

目 录

第一编

如何学

第一章

走进思维导图

○ 学习提示

本章将带你初识思维导图这一革命性思维工具。也许，你十分好奇：到底什么是思维导图？它有哪些特征？如何绘制思维导图？别急，在学习本章前，这些学习提示对你会有所帮助。

提示1：先试着画一幅思维导图，了解自己对思维导图已经有哪些认识。

提示2：在你绘制思维导图的过程中，你有哪些收获，思维导图起到了怎样的作用？你所绘制的思维导图包含了哪些要素？

提示3：本章将带你全面认识思维导图，为你灵活运用思维导图打下坚实基础。

走进思维导图

第一节

什么是思维导图

初识思维导图
思维导图的缘起
思维导图的发展

第二节

思维导图有哪些特征

有关思维导图的疑问
思维导图的要素
思维导图的特征

第三节

思维导图有哪些功能

思维导图在思维整理中的应用
思维导图在思维激发中的应用

第四节

思维导图与认知科学理论

双重编码理论
有意义学习理论
认知负荷理论
重复提取理论

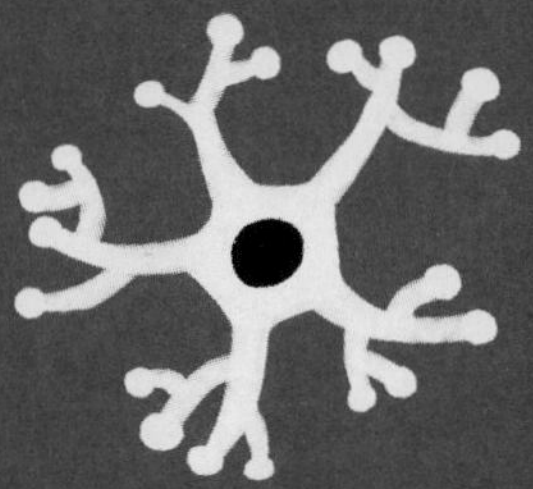

第五节

如何评价思维导图

评价标准：规范性
评价标准：内容

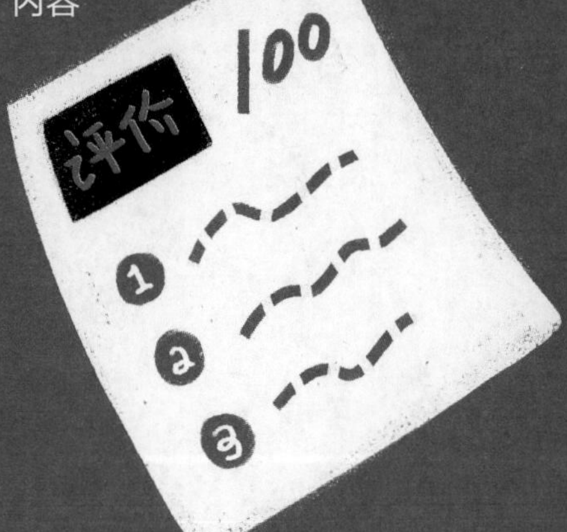

第一节

什么是思维导图

20世纪60年代，英国人托尼·博赞为提高学生学习效果，在研究大量笔记特别是名人笔记的基础上，发明了思维导图工具。后来，在媒体的宣传和托尼·博赞的推广下，思维导图在人们学习、生活和工作的各个领域得到广泛应用。作为可视化思维工具，思维导图在思维激发和思维整理等方面发挥了巨大的作用，尤其是在提升学习和工作效率方面效果显著，被人们称作革命性思维工具。那么，什么是思维导图？

一、初识思维导图

什么是
思维导图

思维导图是一种激发和整理思维的非线性的可视化思维工具，它通过从中心主题向周围发散的线条和简洁的文字等要素，能够将人们看不见、摸不着的思维过程和思考结果可视化。思维导图可以用线条、文字、色彩、图像和符号等要素，将人们思维加工的对象、对象的属性以及对象与对象之间的关系等进行形象化表示和可视化呈现。

图1-1-1、图1-1-2是广州市海珠区新港路小学三年级学生绘制的关于同一位英语老师的思维导图，虽然有些地方不够规范，但体现了思维导图的基本特点。有两位教师基于这两幅作品，对什么是思维导图进行了讨论。

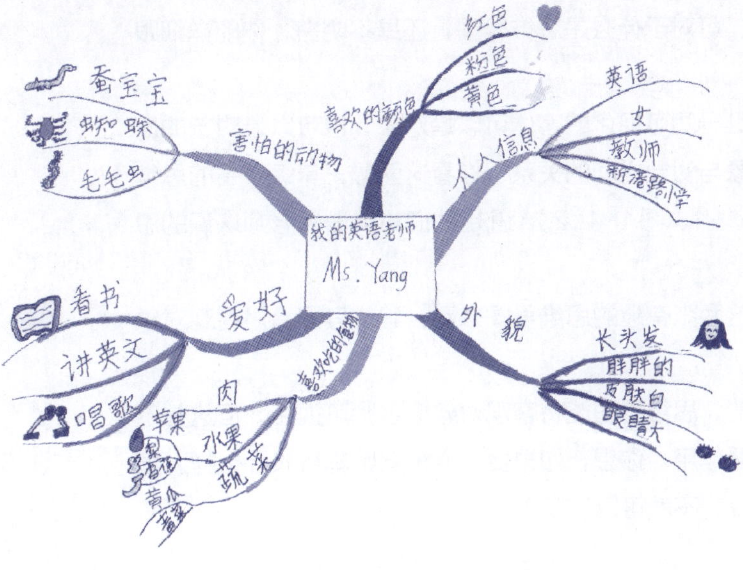

1>图1-1-1
小卢同学：“我的英语老师Ms. Yang”
（手绘版）

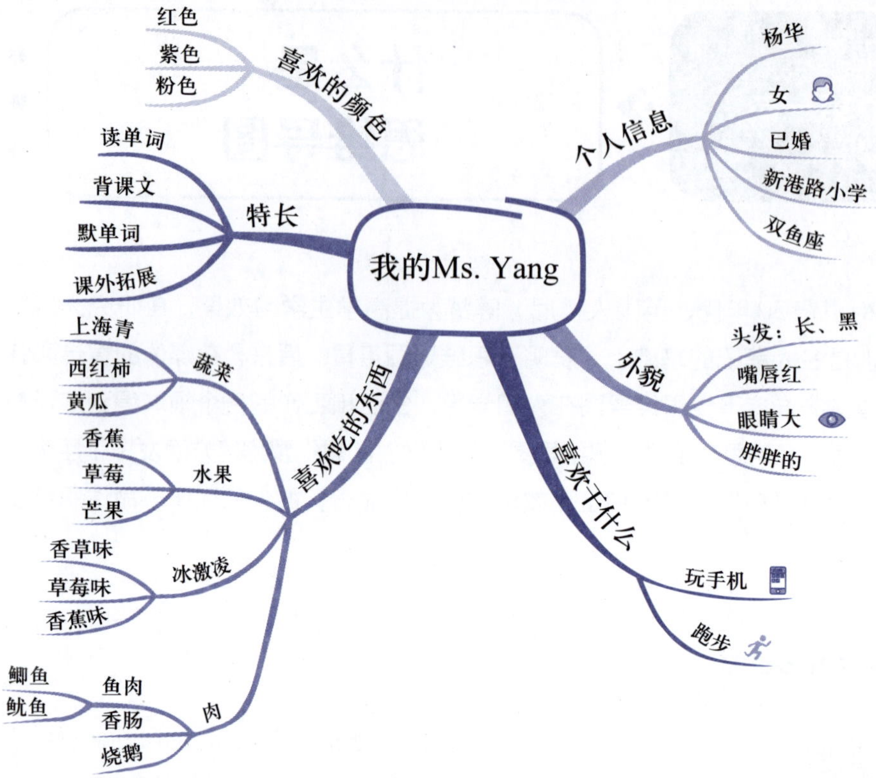

1>图 1-1-2
小林同学："我的 Ms. Yang"（软件绘制版）

讨论：什么是思维导图

侯老师在学校图书室偶遇在教学中擅长应用思维导图的岑老师后，赶紧抓住机会请教他：究竟什么是思维导图？

侯老师：昨天在你的公开课上第一次听说思维导图，回去后，我查阅了一些资料，可对于什么是思维导图，还是不明白，你能详细跟我说一说吗？

岑老师：思维导图可视化的客体可以是对象，也可以是对象的属性，还可以是对象与对象之间的关系。你看这两幅三年级学生的思维导图作品（图 1-1-1、图 1-1-2），就是他们对英语杨老师认识的思维活动的可视化。

侯老师：从这两张有趣的思维导图来看，思维导图是对客观对象杨老师的可视化。

岑老师：是的，思维导图能将客观对象杨老师可视化，但这并不是思维导图的主要作用。你想，如果要知道杨老师本身长什么样，直接看杨老师的照片，不就可以了吗？

侯老师：确实是这样，通过照片我们很容易看得出杨老师长头发、大眼睛这些外貌特征。

岑老师：是的，这些只是杨老师个人属性的一部分，但是杨老师是小学英语老师、已婚这些属性就不容易通过照片看到了吧?

侯老师：我知道了，思维导图把对象的属性也可视化了。

岑老师：是的，但又不完全正确，这只是思维导图的其中一部分内容。你看，在这两张思维导图里，还有黄瓜、香蕉、肉等食物，这些也是客体对象，但不是杨老师这个对象的属性了吧?

侯老师：对呀，这些不是杨老师的属性，但杨老师和它们有关系呀!

岑老师：你说得对，思维导图可视化了对象之间的关系。黄瓜、香蕉、肉是杨老师喜欢吃的食物，蚕宝宝、蜘蛛、毛毛虫是杨老师害怕的动物，看书、讲英文、唱歌是杨老师的爱好。

侯老师：我现在有些明白了，思维导图可视化了对象、对象的属性以及对象之间的关系。

岑老师：是的，思维导图可以将对象可视化。思维导图可视化的对象既可以是看得见的事物，也可以是看不见的抽象事物和事物的意象，它还可以可视化这些对象的属性和不同对象之间的关系。

侯老师：这下我明白了。可是，为什么我之前说思维导图可视化了对象、对象的属性时，你又说不完全正确?

岑老师：这是因为对象、对象的属性，并不是重点，对象之间的关系才是思维导图可视化的重点。

侯老师：你能再完整地说一遍吗?

岑老师：思维导图通过线条、文字、图像、色彩等要素，将人们思维加工的对象、对象的属性以及对象与对象之间的关系等进行形象化表示和可视化呈现。其中，对象与对象之间的关系是可视化的重点。

侯老师：对了，思维导图是以激发思维和整理思维为目的一种非线性的可视化思维工具。那么，什么是非线性思维呢?

岑老师：非线性思维是与线性思维相对的一种思维方式，像发散性思维、系统性思维这些人们解决问题的重要思维方式，都是非线性的。线性思维是单向的直线式的思维方式，非线性思维是网状的多向度的思维方式，而思维导图能够灵活地把这些非线性的、多向度的思维过程和结果及时地记录下来。

侯老师：可是，笔记也可以及时记录思维过程和结果啊!

岑老师：是的，笔记也能记录思维过程和结果，思维导图的发明者托尼·博赞曾经对世界各地不同语言、不同书写方式的笔记进行收集、研究，结果发现95%的笔记都是线性的。而线性笔记，都不如思维导图方便、有效。

侯老师：这说得有点夸张吧？笔记有很多种呢！比如，大纲、要点式笔记也能清晰地记录和整理思维啊！

岑老师：托尼·博赞对世界各地的笔记还做了进一步研究，发现这95%的笔记可以分为详细的段落式、比较简洁的条列式和简明的大纲式三类，无论是哪类笔记，它们都是以线性模式记录下来的，这容易埋没重要词汇，也不利于呈现对象之间的关系，还不利于思考和记忆。

侯老师：确实有道理！看思维导图的时候，就不用像读笔记一样，按照从前往后的顺序来读，可以从自己最感兴趣的地方开始。那么，画思维导图的时候，应该也可以把自己先想到的内容画下来吧？

岑老师：是的，思维导图虽然也有一定的阅读和绘制顺序，但它的结构确实便于人们灵活地记录和阅读，使思维更加清晰、有序，还可以进一步深化人们的思维。所以说，思维导图是激发和整理思维的一种非线性的可视化思维工具。

侯老师：终于明白啦，谢谢！我也想画思维导图了！

岑老师：好！我们一起行动吧！

二、思维导图的缘起

因为思维导图具有强大的功能，能运用于多个领域，越来越多的人开始关注和学习思维导图了。由于对思维导图的缘起不甚了解，有些人曲解和误用了思维导图，了解思维导图的缘起与发展过程，可以更好地理解思维导图作为一种思维工具的本质特点。思维导图是英国人托尼·博赞在20世纪60年代末发明的，但发展成熟和全面推广则始于20世纪70年代。

起初，托尼·博赞为了提高学习效果，对许多名人的笔记进行了研究，他发现包括达·芬奇在内的许多名人的笔记并不是线性结构的，并且含有许多符号和线条。他开始思考如何更好地做笔记，逐渐建构了思维导图的雏形。在当教师时，他用自己发明的思维导图帮助学生学习，学生利用思维导图做笔记和记忆学习内容，效果显著。思维导图在学习中的成功应用促使托尼·博赞不断思考和完善思维导图。实际上，在思维导图的发展成熟的过程中，还有一位人物发挥了非常重要的作用，但他却常常被人们忽视，他就是托尼·博赞的弟弟，国际关系学界著名学者——巴利·博赞。

巴利·博赞与托尼·博赞不同，他更注重思维导图在创造性思维激发方面的作用，而托尼·博赞更关注思维导图对笔记质量和记忆效果的影响。20世纪70年代初，正在写博士论文的巴利·博赞，一方面需要组织、分析越来越多的研究数据，另一方面，需要厘清自己的想法，论述专业问题。思维导图使他能够高效地厘清各种思想的联系和主次，为他搭建思考与写作的脚手架，并提供从观点分析、组织结构到论文写作的过渡平台。思维导图还有助于他提升深化、提炼观点的能力，同时，思维导图将思维过程与写作过程分开，这样他的写作方向更明确，结构更清楚，写得也更快。应用思维导图使巴利 · 博赞获得了竞争优势，他不仅提前完成了博士论文，而且还完成了一本专著的部分内容。此后，思维导图成为巴利 · 博赞进行学术写作的利器，使他在著书、写论文方面，成果丰硕，这为他成为国际关系学界著名学者奠定了基础。

三、思维导图的发展

在发明思维导图后，博赞兄弟一边使用思维导图，一边把思维导图推广给更多的人。但巴利 · 博赞的工作重心仍在大学教学与学术研究上，托尼 · 博赞则将主要精力用于思维导图的推广上，通过在电台和电视台开设《开动大脑》《开启思维》等节目，思维导图被越来越多的人了解和使用。

然而，思维导图能够在世界范围被人们了解和使用与托尼 · 博赞所写的“思维导图”的系列图书密不可分。托尼 · 博赞非常关注记忆与学习，自1972年开始，就陆续写了《开动大脑》《快速记忆》《充分发挥你大脑的潜力》等著作，在这些著作中，托尼 · 博赞逐步提出了思维导图的概念与运用方法，用生动的实例介绍了其作为高效学习与记忆工具的具体应用案例和积极作用。

随着思维导图应用范围的不断扩展，托尼 · 博赞认为应该专门写一本介绍思维导图及其应用的著作，以指导思维导图的应用。1993年，托尼 · 博赞与巴利 · 博赞合著的第一本思维导图著作——*The Mind Map Book*（《思维导图》，也译为《心智图》）出版了，这本书不仅阐述了什么是思维导图，还提供了许多有启发性的思维导图作品和案例，以指导人们如何有效使用思维导图。该书出版后，被译成多种文字，销量达千万册，不仅在教育界，也在其他诸多领域被越来越多的人了解和应用。托尼 · 博赞也因为发明和推广思维导图而被人们亲切地称为“大脑先生”。

现在，教育界人士也日益重视思维导图，英国将思维导图列入中小学必修课程，中国许多中小学和大学也逐步开设了“思维导图”选修课程，以帮助学生提高学习效率和进行思维训练。

随着信息技术的发展，由于手绘思维导图不易修改且耗时等问题，思维导图软件开始涌现，托尼 · 博赞发明的iMindMap思维导图软件制作出的思维导图色彩鲜艳，形式多样。目前，面向电脑端的思维导图软件有数十种，面向手机端的思维导图软件也日益丰富。思维导图软件的开发与发展有力地提升了思维导图的大众接受度与应用程度，同时大众的广泛使用又促进了思维导图的发展、完善。

思维导图虽然被称为革命性思维工具，但它与其他任何工具一样，有其“能”与“不能”之处，只有理性、合理地使用，才能真正有效发挥其作用。

第二节 思维导图有哪些特征

思维导图由中心主题向周围发散，并逐级延伸，是非线性的结构。人们在实践中创作的思维导图作品图文并茂、形式多样，与此同时，人们也产生了一些疑惑和问题：思维导图的分支有顺序吗？思维导图必须使用色彩、图像或符号吗？思维导图能提高认知效果有理论依据吗？相信通过本节你可以自己找到这些问题的答案。

一、有关思维导图的疑问

我们对思维导图有诸多疑问，都是由对思维导图的概念掌握不准确引起的，所以我们先从思维导图的定义谈起。

思维导图的发明者托尼·博赞将思维导图定义为一种放射性思考的工具。我国学者赵国庆在借鉴托尼·博赞定义的基础上提出：思维导图是一种以促进思维激发和思维整理为目的的可视化、非线性思维工具。[①]赵国庆的定义更加详细、明确地揭示了思维导图的本质作用，但还不能回答什么是思维导图的问题。只指明其本质作用，却没有明确说明思维导图形式的定义，在实践中容易使思维导图的形式混乱，与其他思维工具相混淆，制约其本质作用的有效发挥。

理论来源于实践，却又高于实践，只有在及时分析、提炼实践经验基础上形成的理论才能有效指导实践。托尼·博赞曾言：“思维导图将是一项永无止息的工作。”[②]我们根据对思维导图的研究与实践，将其定义为：思维导图是以促进思维激发和思维整理为目的，由中心主题向周围发散，并逐级延伸的线条和文字等要素构成的非线性的可视化思维工具。思维导图具有特定的结构和一定的逻辑顺序，它能够将人们的思维过程和思维结果可视化。该定义从本质与形式两个方面对思维导图进行了明确界定，使人们能够从形式与作用两个方面识别哪些思维工具是思维导图。

① 赵国庆.别说你懂思维导图[M].北京：人民邮电出版社，2015：38.

② BUZAN T, BUZAN B. 思维导图[M]. 叶刚，译.北京：中信出版社，2009：11.

（一）思维导图的分支有顺序吗

在实践应用中，思维导图不仅能帮助人们激发和整理思维，也能使人们快捷、有效地表达和交流思维结果。非线性≠无序，思维导图方便创作者自由快速地表现思维的过程与结果，但读者却经常不知如何阅读才能准确理解创作者的思想。为解决该问题，人们利用思维导图分支之间的顺序来体现各部分内容之间的逻辑关系，形成了大致以钟表一点钟的位置为起始，顺时针阅读思维导图分支的习惯。

图1-2-1是一张学习计划思维导图，没有遵循一定的顺序，无论是自己看还是别人读，都会觉得混乱、费解。

当我们按时间顺序，对这张思维导图进行调整之后，形成了图1-2-2，这个新的学习计划思维导图不但方便人们阅读，也更容易让人理解和记忆了。所以，思维导图是具有一定顺序的非线性思维工具。

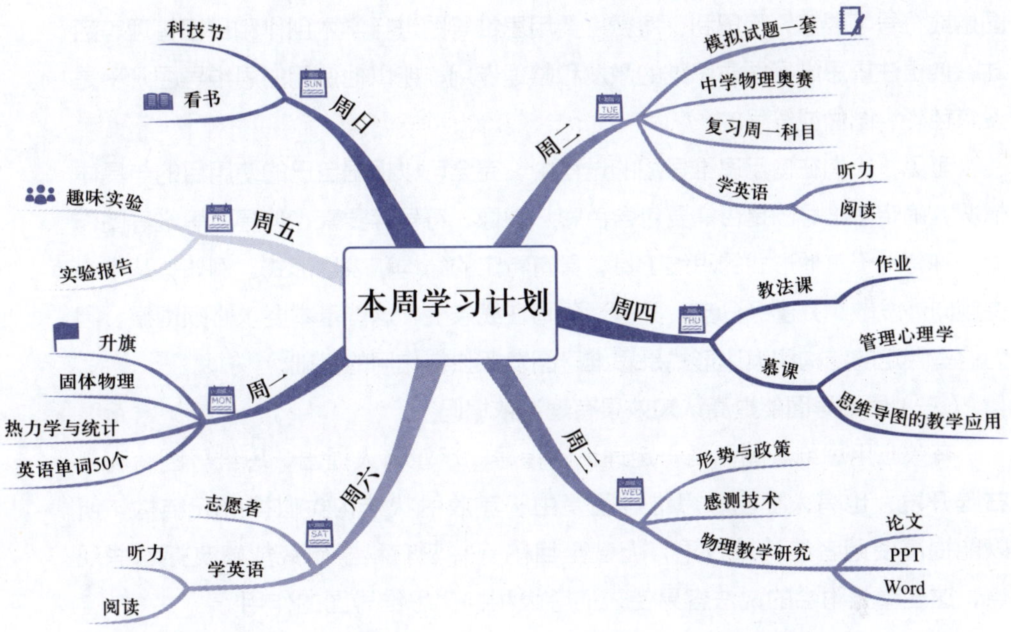

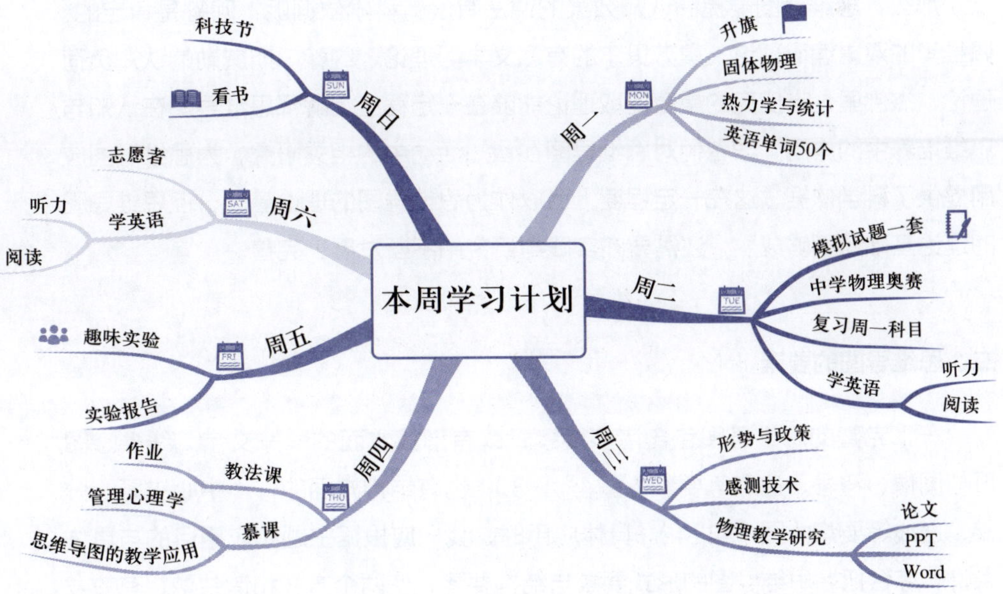

1
2

1>图1-2-1
杂乱无序的
“本周学习计划”
思维导图
2>图1-2-2
清晰有序的
“本周学习计划”
思维导图

（二）思维导图必须使用色彩、图像或符号吗

托尼·博赞提出，在绘制思维导图时，要尽可能使用多种色彩，要用图像或符号表达中心主题，这是不是意味着，思维导图一定要使用色彩、图像或符号？答案是否定的，由于使用者、使用情境、使用目的等方面的差异，思维导图的呈现形式也会有所不同。托尼·博赞发明思维导图的初衷，是为了解决线性笔记不足和学习效果特别是记忆效果不高的问题，所以他强调思维导图应该包含色彩、图像或符号等要素；而巴利·博赞主要用思维导图进行学术创作和日程管理等活动，他更注重思维导图对思维的激发和整理作用，所以他使用的思维导图几乎是没有色彩、图像或符号的。

可见，人们在使用思维导图的过程中，完全可以根据自己的使用目的与具体情况，确定思维导图是否需要包含色彩、图像、符号等要素。但是，思维导图作为一种有别于其他形式的思维工具，具有特定的结构和表达形式。例如，从中心主题向外发散，并逐级分支，关键词要写在线条上，这些基本要求必须遵循，因为这些特定的结构和表达形式是思维导图发挥独特作用的基础。

（三）思维导图能提高认知效果有理论依据吗

有效应用思维导图需要一定理论的指导。尽管有人提出，思维导图有利于右脑开发，也有人提出，思维导图是由于其放射状结构类似神经元结构，所以能提高使用者的认知效果，但截至目前，并没有科学研究能够支撑这些观点，这些牵强附会的说法容易使人们夸大和神化思维导图的作用。

那么，思维导图能提高认知效果的说法有没有科学依据呢？回答是肯定的。佩维奥的双重编码理论、奥苏贝尔的有意义学习理论、约翰·斯威勒的认知负荷理论、杰佛里·卡皮克的重复提取理论能够在一定程度上解释思维导图在认知与思维培养中的作用，学者们对思维导图在认知活动中的相关研究，为思维导图应用提供了科学依据，这在一定程度上可以作为思维导图的理论基础，但思维导图的理论基础还不够成熟，还需要在实践与研究中不断发展、完善。

二、思维导图的要素

一张完整的思维导图包含诸多要素，既有形式方面的——文字、线条、图形与图像、符号、色彩等要素（图1-2-3），也有结构方面的——中心主题、分支、连线等要素（图1-2-4）。具体应用时，我们应根据主题和应用目的与具体条件，综合把握思维导图的形式要素与结构要素，使两个方面和谐共融，有效发挥思维导图的作用。

三、思维导图的特征

思维导图的特征

思维导图运用文字、线条、图形与图像、符号、色彩等要

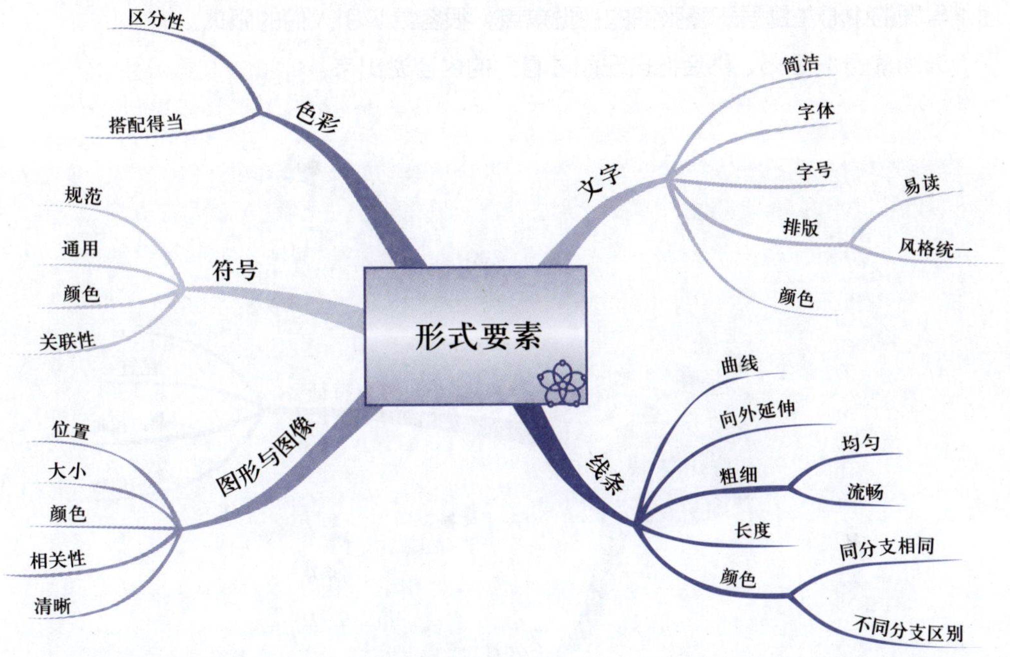

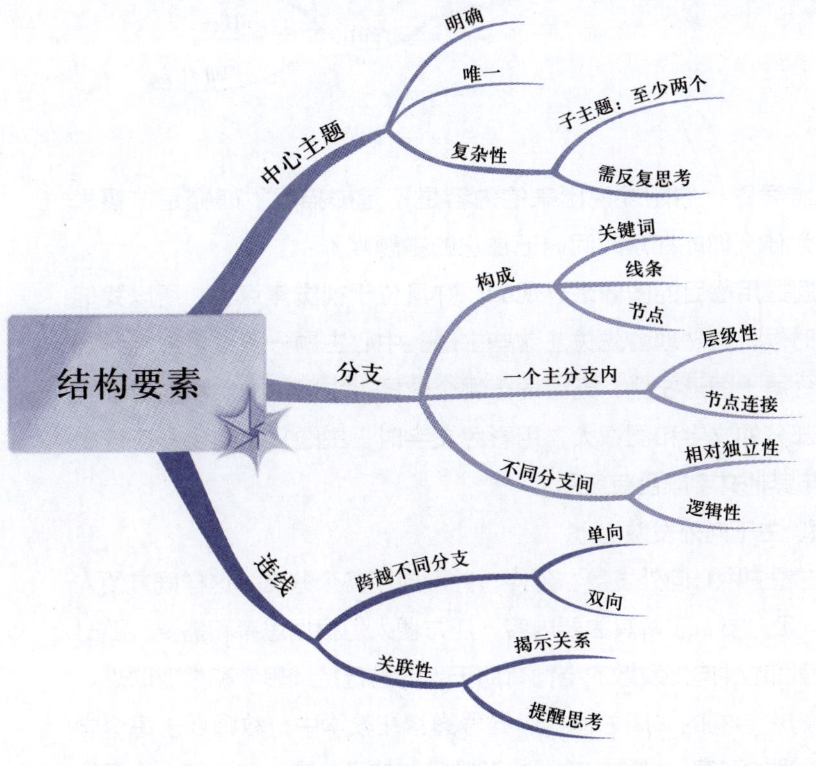

1>图 1-2-3 思维导图的形式要素
2>图 1-2-4 思维导图的结构要素

素把人们模糊凌乱的思维变得清晰有序，把信息之间的关系变得易于理解和记忆。那么，由这些要素构成的思维导图具有什么特征呢？

（一）焦点集中，主题突出

思维导图的主题可以是一个事物或者一个概念，主题可以用文字表示，也可以用图像表示，或者用文字与图像一起表示，每个思维导图的主题都是唯一的。

思维导图的中心主题居于整张图的视觉焦点，很容易吸引人们的眼球。

请观察图 1-2-5，然后把自己刚才看到的内容说出来。

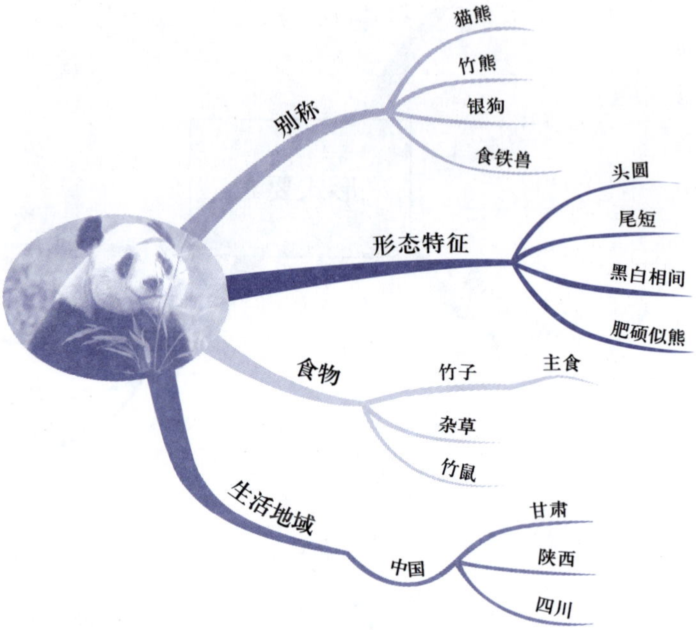

1>图 1-2-5
“熊猫”思维导图

看着这张思维导图，你刚才说出来的内容是不是熊猫呢？熊猫是这幅思维导图的主题。为什么你能在短时间内记住它的主题呢？

因为中心主题是用醒目的图像来表现的，并且位于视觉焦点上，所以我们在看思维导图的时候，自然地会先关注这些主题。中心主题一般位于思维导图的中央，有少部分居于图形左侧，无论居于哪个位置，主题的文字和图像都要比思维导图其他部分的文字和图像大，用彩色文字时，主题文字的色彩应该是最醒目的，并且与其他文字颜色有区别。

（二）由主题、主干向外发散

思维导图的主题由中心向外发散、延伸，并形成了各个分支。这样既方便人们很快看到各个一级分支，了解其主要内容，还方便人们根据思考和需要，随时添加分支，思维导图这种向外发散的结构有助于人们进行持续思考和广泛联想。

图 1-2-6 是初次绘制的“周总理”思维导图，在教学中，教师要求每个学生根据自己对周总理的了解，继续完善“机智幽默”的子分支，并添加一个新的一级分支。

某学生根据自己的思考，对图 1-2-6 的思维导图进行了补充完善，结果如图 1-2-7 所示，他增加了周总理“机智幽默”的子分支和“从小立志高远”的一级分支。人们借助这张思维导图能够更加全面地了解周总理，体现了由中心主题向外发散结构的思维导图在促进人们持续思考和广泛联想方面的独特优势。

（三）层次分明，节点连接

思维导图的分支并不是随意发散和布局的，必须根据它的内容进行分级加工，重要的话题或者与主题关系密切的内容，要尽量放在靠近主题的一级分支上；次要的内容一般安排在比较边缘的位置上，通过从主题向外延伸的线条由粗到细的变化，文字、图像由大到小的变化，人们能直观地识别各级分支之间的层次性。

思维导图的层次性还可以用颜色来体现，不同一级分支要使用不同的颜色，同一一级分支上的各级子分支必须使用同样的颜色，颜色让不同一级分支之间的区别和同一一级分支上各次级分支间的联系更加明显。思维导图中的每个次级分支，都通过线条交汇在一起的节点与其上级分支连接成紧密而又层次分明的整体。在图 1-2-7 中，次级分支通过文字下面的线条、线条交汇的节点，与中心主题“周总理”连接成一个整体。

（四）用关键词，厘清关系

思维导图的关键词是写在线条上说明事物属性、特点或不同对象之间关系的

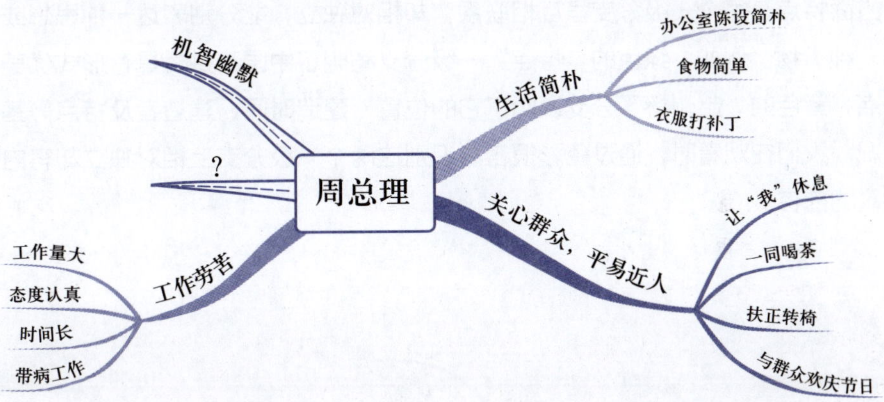

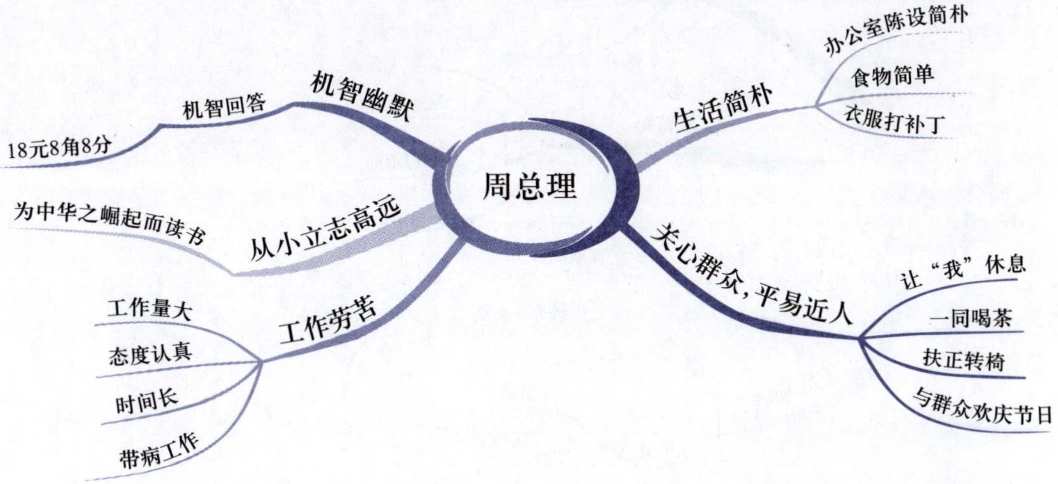

1

2

1>图 1-2-6
“周总理”
思维导图初版
2>图 1-2-7
“周总理”
思维导图完善版

词，关键词以名词、形容词居多，如图1-2-8中头圆、尾短、黑白相间等关键词准确地概括了熊猫的形态特征。

关键词要简明扼要，能够清晰地表达从主题出发的各级分支之间的联系与特点。在图1-2-8中，“食物”一级分支下“喜欢吃竹子”和“有时候也吃杂草”缺乏提炼，改为图1-2-5所示的“竹子”“杂草”等后更加简洁、明了。

（五）图形、图像和符号形象，用色增彩

图形、图像和符号可以使思维导图的内容变得更加生动形象，便于理解和联想思维导图中的图形、图像和符号一定要与内容密切相关，能够引发人们的联想和想象，并能够促进人们的思考和记忆，不可使用与思维导图内容毫无关系的图形、图像和符号。

“中国石拱桥”思维导图

色彩使思维导图变得活泼、美观，也使各部分之间的关系变得更加有条理和清晰，便于分辨和记忆。思维导图的色彩要和谐、美观，在二维码呈现的“中国石拱桥”思维导图中，五个一级分支的五种颜色清楚地表明了中国石拱桥的五个方面特点，每个一级分支虽互相联系，却相对独立，能分别表达一种思想或说明一种事物。例如，绿色的“特点”一级分支阐明了中国石拱桥具有形式优美等特点，紫色的“赵州桥”分支说明了它的位置、建造时间、建造者及特点等基本情况。人们在观看时，通过色彩很容易识别这两个一级分支上相对独立却有内在关联的内容。

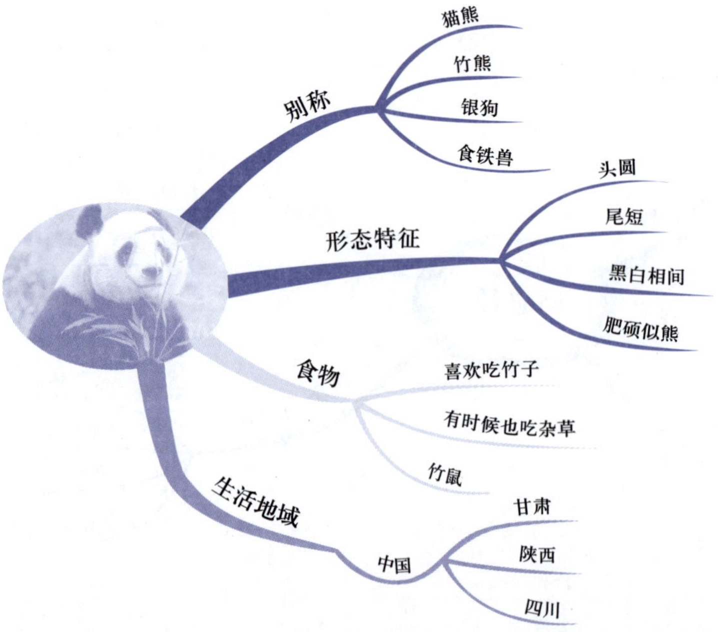

1 1>图1-2-8
“食物”子分支关键词修改前

图1-2-9使用了多个与内容无关的图形、图像，看似活泼却并不能促进人们对有关内容的理解与记忆，去除图形、图像后（图1-2-10），只使用三个简单的符号，就能很好地提醒学生在进一步学习“税收预习”时应注意的内容及重点。

掌握思维导图以上五个主要特征，可以使我们在实践中有效地应用思维导图。

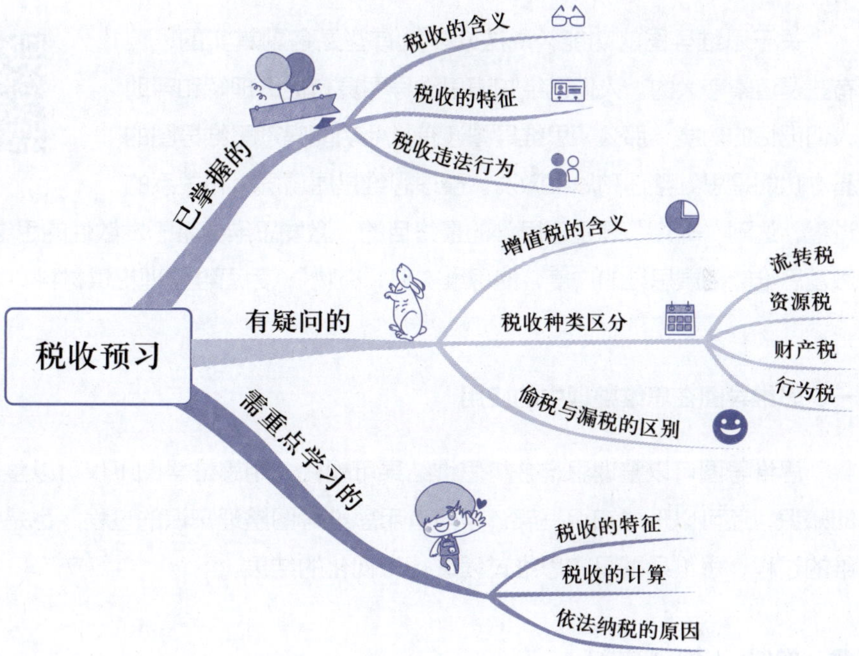

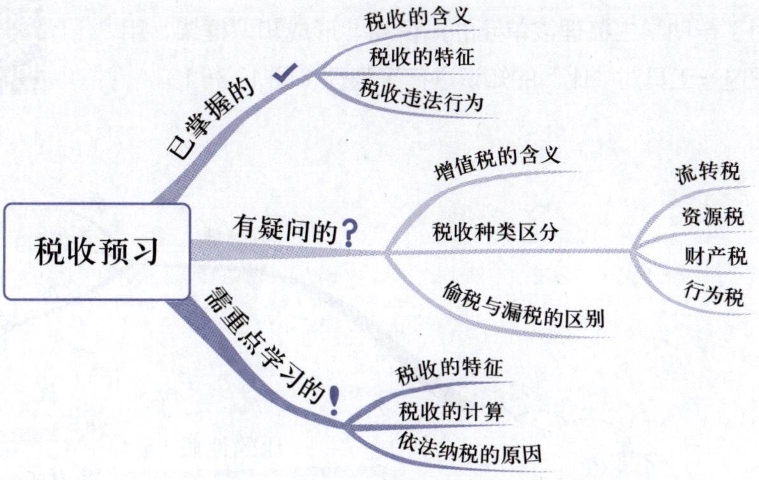

1

2

1>图1-2-9
不恰当使用图像的思维导图
2>图1-2-10
恰当使用符号的思维导图

第三节 思维导图有哪些功能

思维导图的功能

关于思维导图的功能，说法众多，有些是名副其实的，但有些是渲染夸大的。人们已经知道思维导图具有促进理解和帮助人们记忆的功能，那么，思维导图还有其他功能吗？思维导图的基本功能是思维整理和思维激发。整理思维是厘清层级和关系的过程，达到“有序”是整理思维的最终目的。激发思维要基于发散性的思维过程，激发思维能拓展思维的广度，使思维实现“有物”，为思维整理提供材料。

一、思维导图在思维整理中的应用

思维导图可以整理思维并将思维结果可视化。用思维导图不仅可以整理杂乱的知识，还可以形成知识框架。学习者用思维导图整理知识的过程，也是整理思维的过程，思维导图是将思维过程进行可视化的结果。

案例：比、《春》

比的整理与复习

小学六年级的数学老师赵老师，在上完“比”这个单元内容后，为了帮助学生梳理该单元的知识点，形成知识框架，用思维导图这一工具对“比”的知识进行了整理（图1-3-1）。

1

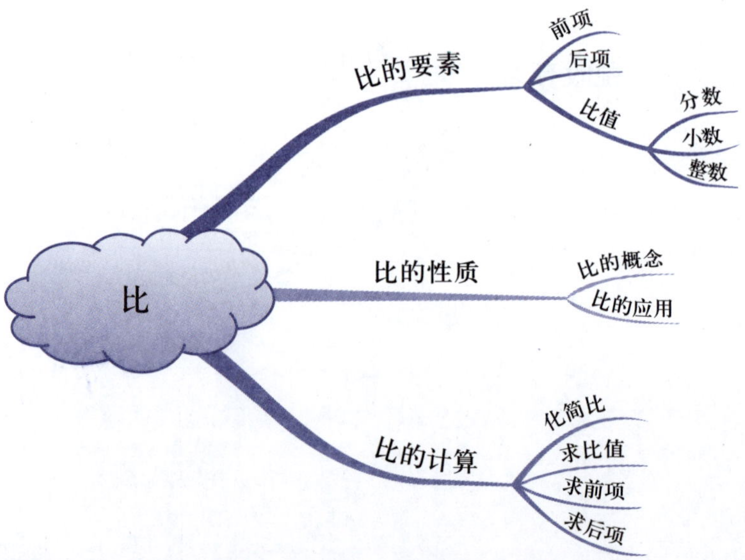

1>图1-3-1
“比”思维导图

更多《春》的思维导图作品

图1-3-2、图1-3-3是对朱自清的散文《春》的整理，我们能发现不同使用者的思维差异。

1
2

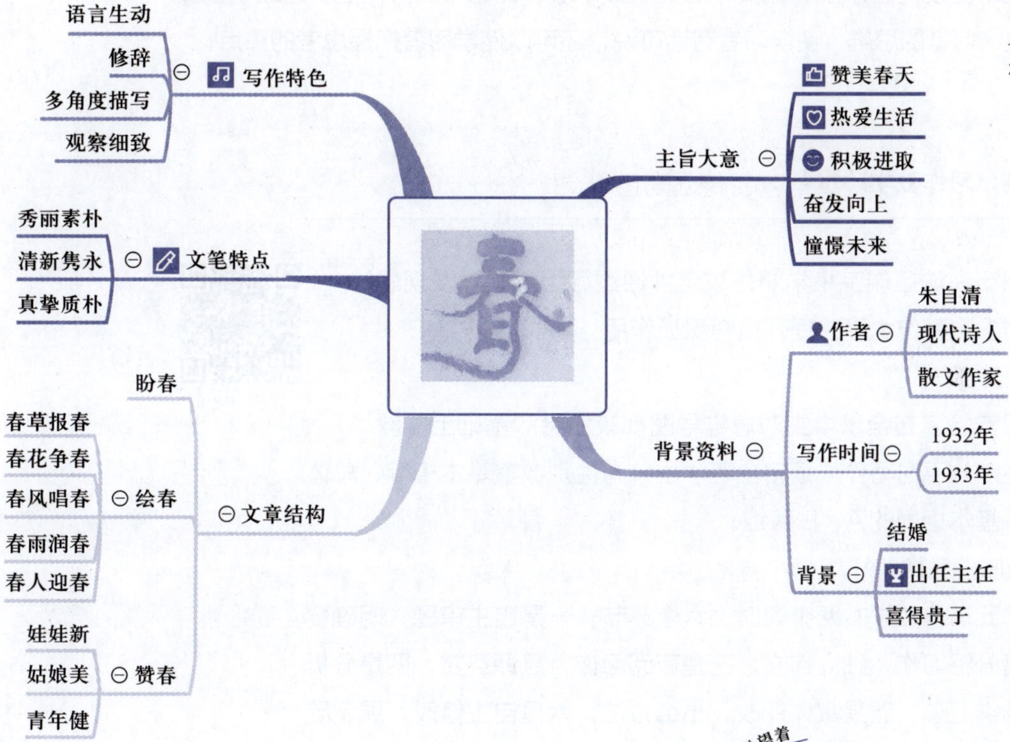

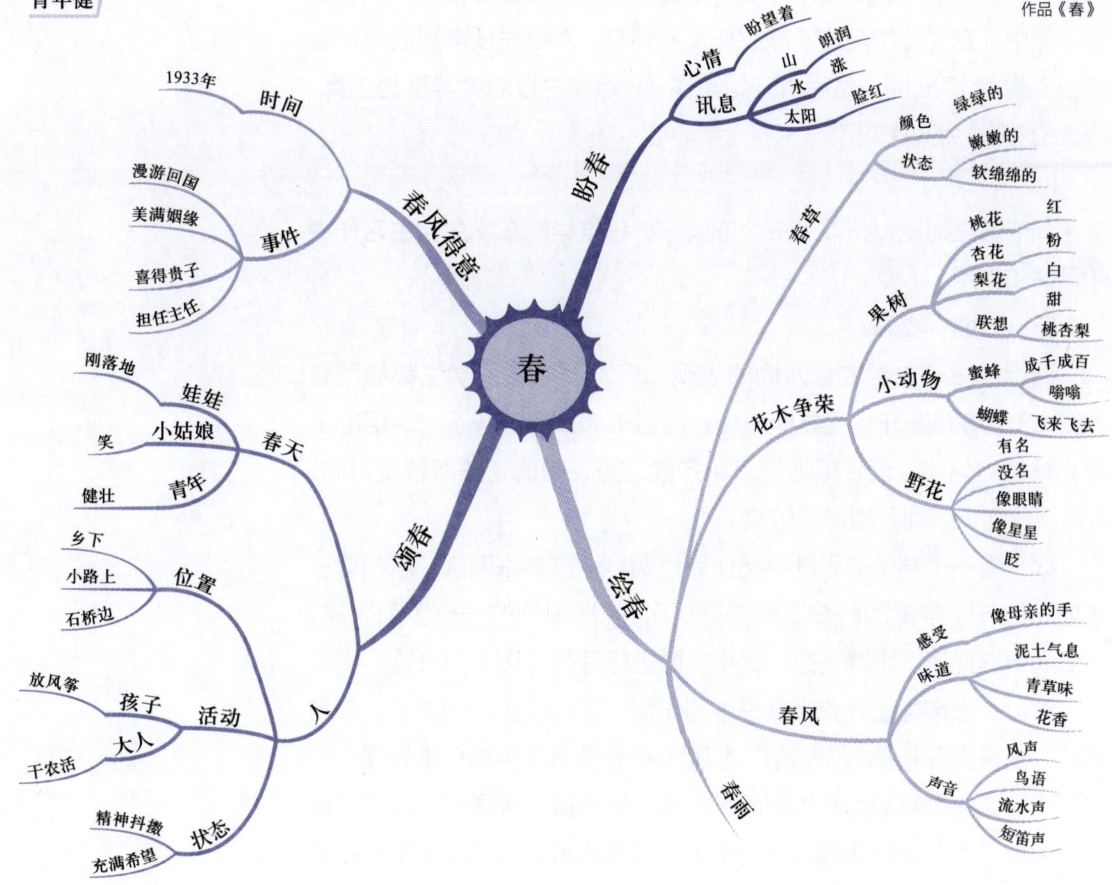

1>图1-3-2 学员黄静敏作品《春》

2>图1-3-3 学员刘琳菲作品《春》

二、思维导图在思维激发中的应用

在学习过程中，学习者有时会出现思路受阻、逻辑混乱的情况，特别是在写作方面经常出现内容杂乱、偏离中心、字数不够、详略不当等问题。思维导图既可以激发学习者的思维，使学习者有话可说，还可以使学习者把握思考的重点。

案例：习作教学“水”

习作教学“水”

广州市海珠区瑞宝小学邓丹玫老师通过等组实验，发现思维导图对学生写作水平的提升具有积极作用。

【实验方法】

等组实验。在全班学生对思维导图都较熟悉的基础上，教师根据性别与平时写作成绩将全班学生分为性别数量基本相等、总体写作水平基本相同的A、B两组。

【实施过程】

该单元写作教学共两个课时，六个环节：一是自主审题，明确要求；二是分组习作，独立作文；三是审阅习作，互评互赏；四是分析情况，归纳汇总；五是集体评改，小结方法；六是自主修改，展示欣赏。其中，在“分组习作，独立作文”环节，A组先按常规的习作要求自主构思10分钟，然后再开始写作；B组学生以思维导图为工具，构思绘图，然后进行写作。

【结果分析】

我们通过对比，从以下三个方面分析思维导图在学生自主习作中的用法和作用。

第一方面：立意。

两组学生在主题立意方面的表现如何？虽然全部学生都能围绕“水”这个话题展开，但具体而言，两组的表现各有不同。A组的主题立意相对集中，而B组则呈百花齐放之势，因此，在新颖度方面，A组得分略低，而B组得分较高。

以B组一个学生的思维导图作品为例。这位学生围绕“水”这一主题，展开了丰富的联想（图1-3-4），并把想到的一一罗列出来，然后从中选择了“水滴石穿”这个主题进行写作（图1-3-5）。

可见，思维导图具有激发思维的作用，它让学生想得更多，想得更广，想得更深。在写作之前，教师没有要求画多少幅思维导图，但是不少写作主题新颖的学生都画了两幅。其中第一幅是个人应用思维导图围绕“水”进行头脑风暴的结果，利用思维导图有助于学生拓宽

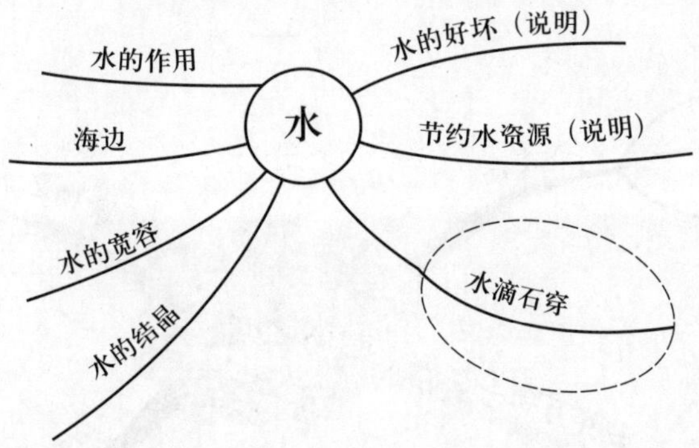

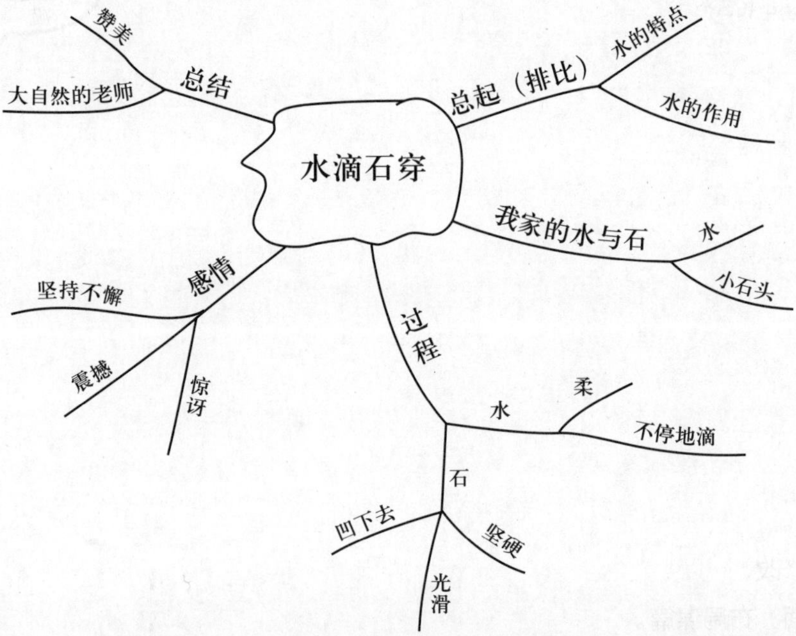

1>图1-3-4 “水”的主题思维导图
2>图1-3-5 “水滴石穿”思维导图

写作思路、细化主题、凸显中心。第二幅是根据所选主题对作文结构进行的设计。

由此可见，运用思维导图，有助于我们根据题目的中心词展开思考。因此它的作用是激发思维、拓宽思路、扣题求新。

第二方面：选材。

B组在此项评价中，整体表现优于A组。A组学生，没有思维导图中心词的提示，部分学生，特别是写作水平中等偏下的学生，在选材上容易出现偏差。A组有不少学生只是将各部分素材内容罗列出来，其中部分内容其实是与主题不符的素材。如果在写作前运用了思维导图，学生便可以轻易地发现这一问题。

在思维导图中心词的提示与强调下，B组学生所选材料均与习作中心相关，一切素材都是为了表现文章的立意而服务的（图1-3-6）。

由此可见，运用思维导图进行选材能够帮助学生紧扣主旨、筛选

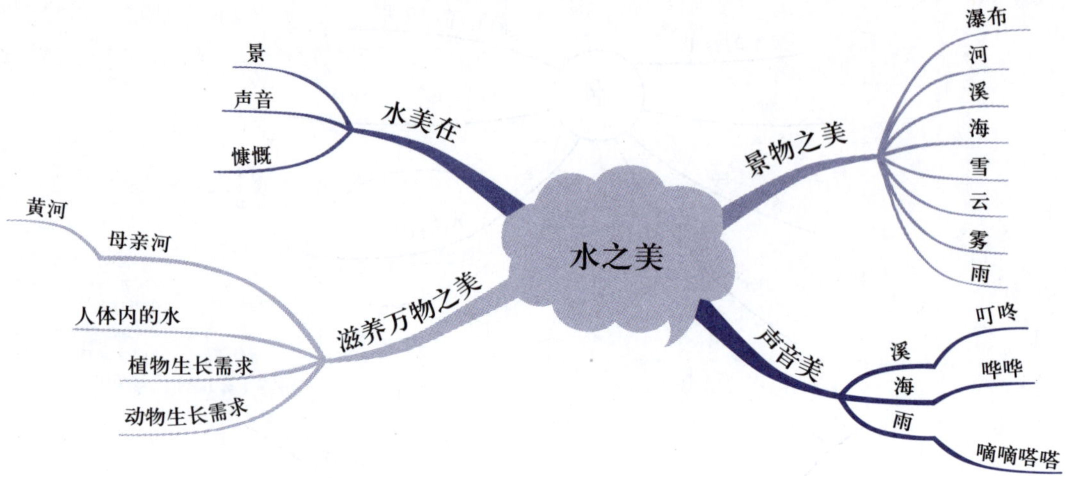

1 1>图1-3-6
有关“水之美”选材的思维导图

素材、审视修改。

第三方面：布局谋篇。

教师从A、B两组中选出的写作水平相近的两位男同学的作品，这两篇作品在主题和选材方面都基本一致。但是我们发现，B组这名学生运用思维导图将所选的素材按一定顺序编排出来，在段落结构和每一段的层次上，条理都比较清晰、分明。因为在写作之前，这位学生已经将全文的框架有序地搭建了出来，并且考虑到了详略。

然而，相同水平A组学生的作品，在段落结构、层次和写作内容的先后安排上就存在着比较明显的不足。

从整体而言，B组学生在布局谋篇方面普遍得分较高。

可见，思维导图在写作的构思阶段，能使学生的思维过程可视化，有助于厘清写作思路。在绘图的过程中，即使是写作水平中下的学生，也能关注各个材料的先后顺序、详略，以及各种写作手法的运用。运用思维导图进行写作布局能够帮助学生确定写作顺序，安排详略，确定写法。

综上所述，思维导图有助于学生立意、选材和布局谋篇，优化写作构思过程，切实提高自主写作能力。

第四节

思维导图与认知科学理论

思维导图与认知科学理论

虽然博赞兄弟在发明思维导图时，还不了解哪些理论可以支持和说明思维导图的强大作用，但随着思维导图的应用和有关理论研究的不断深入，特别是思维导图应用者和研究者的努力，人们发现，有不少理论能够解释或者指导思维导图的有效应用，主要有双重编码理论、有意义学习理论、认知负荷理论、重复提取理论。下面我们逐一来探讨这些理论及其对思维导图应用的指导价值。

一、双重编码理论

双重编码理论由加拿大心理学家佩维奥提出。该理论认为，人类大脑通过言语系统和非言语系统来处理信息这两个系统既独立又相互联系：言语系统用于处理言语信息，指直接以口头与书面的形式处理语言的输入与输出；非言语系统用于处理非言语信息，指图片、图像等信息。

该理论还识别了三种类型的信息加工过程。

1. 表征性

直接激活言语系统或非言语系统的表征。比如，阅读书籍、观看图片等。

2. 参照性

言语系统与非言语系统互为参照，言语系统与非言语系统互相激活。如由“汽车”这个词语想到汽车的图像，也可以由汽车的图像想到“汽车”的书面表达。

3. 联想性

双重编码理论认为视觉形式和语言形式共同呈现信息能够增强记忆和识别。思维导图不仅用语言文字，还用图像表示信息和知识，为基于语言的理解提供了很好的辅助和补充，大大降低了语言通道的认知负荷，加速了编码的效率，增强了认知的效果。

图 1-4-1“我是张呆呆”思维导图虽然还有可以完善之处，但人们仍可以通过这幅图迅速掌握张呆呆是个女生，读者结合哭的表情图、笑的表情图和文字能迅速把握张呆呆的优缺点。

二、有意义学习理论

有意义学习理论由美国认知心理学家奥苏贝尔提出，他根据学习材料与学习

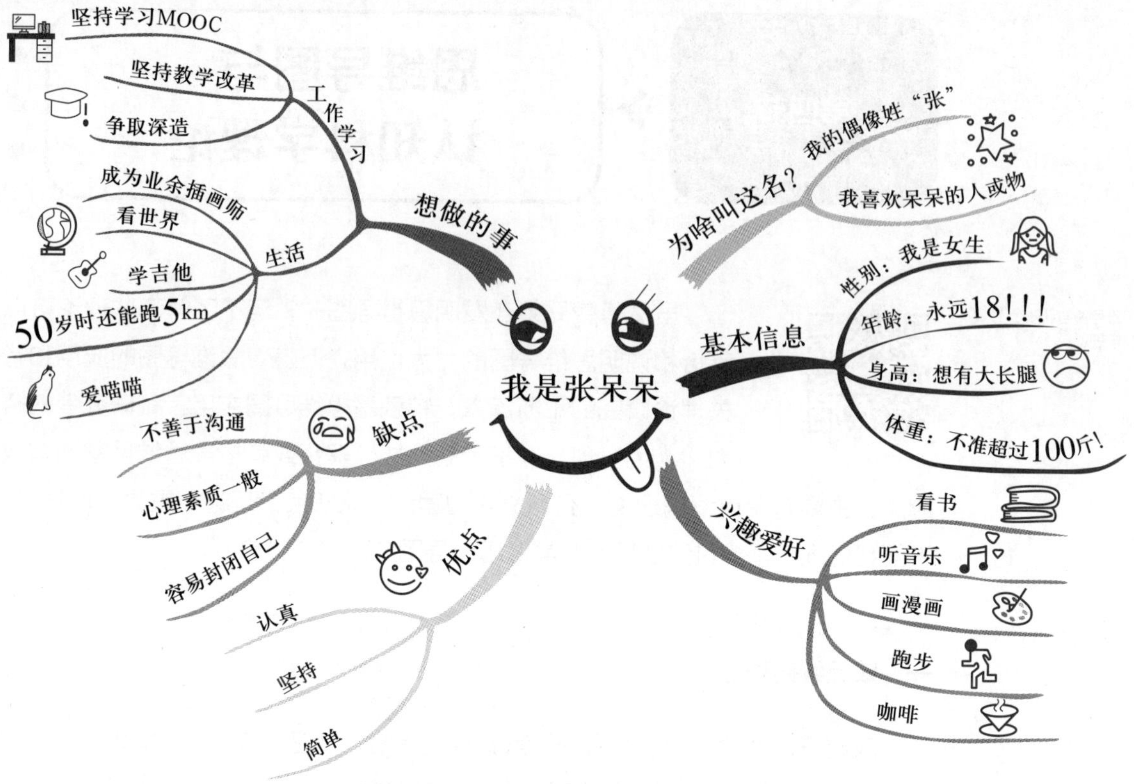

1 1>图1-4-1
“我是张呆呆”思维导图

者认知结构中已有知识的关系，将学习分为机械学习和有意义学习。机械学习指新知识与旧知识之间没有意义关联，知识呈现碎片化的状态；有意义学习是建立新知识与旧知识之间非人为的、实质性联系的过程，这表明有意义学习是一个过程而不是结果。

有意义学习的发生需要具备客观和主观两个方面的条件。客观方面，有意义学习的材料本身必须具有逻辑意义，在学习者的心理上是可以理解的，是在其学习能力范围之内的。主观方面，学习者必须有能够联系新知识的认知结构，必须有将新旧知识进行联系的倾向性，必须积极主动地使新知识与认知结构中的有关旧知识发生相互作用。

思维导图能帮助学习者梳理和呈现不同事物的属性或者事物之间的关系，从而使学习者建立起有意义学习的心向，建立新旧知识之间的联系。因此，思维导图是一种有意义学习的工具。

三、认知负荷理论

认知负荷理论由澳大利亚认知心理学家约翰 · 斯威勒提出，认知负荷理论假设人类的认知结构由短时记忆和长时记忆组成。短时记忆的容量有限，一次只能存储5~9条基本信息或信息块。当处理信息时，短时记忆一次只能处理2~3条信息，因为基本信息或信息块的交互也需要占用短时记忆空间，这就减少了短时记忆能同时处理的信息数量。

长时记忆的容量几乎是无限的，存储的信息形式多样，既可以是小的、零碎的一些事实，也可以是大的、复杂交互的信息。

从认知负荷理论看，思维导图不仅对知识以及知识之间的关系进行了可视化呈现，而且通过对知识的细化与整理缩减了冗余信息，降低了工作记忆的负荷。同时，思维导图借助分支将零散的知识组织成一个新的有意义的整体，形成新的组块。新组块包含的知识容量比组合前的每个小组块的容量都要大，这使得在组块数量不变的情况下，大脑增大了处理的容量，增强了信息加工能力和认知效率。

四、重复提取理论

重复提取理论由美国普渡大学的杰佛里 · 卡皮克提出，重复提取理论认为学习就是通过知识提取来改变或重构知识本身的过程，即主动提取有意义的、长效的学习。它有三个主要观点：

（1）提取是理解学习和促进学习的关键过程；

（2）提取练习产生有意义的学习，促进学习者对学习内容保持长时记忆；

（3）知识提取是由线索驱动的一种目标搜索的过程。

重复提取理论认为“重复提取胜过细化学习”，与普通的文本阅读理解相比，将文本内容创作成思维导图，不仅使知识的提取过程更加丰富，也更有利于深化认知，增强记忆。

思维导图可以对课文内容进行重复提取，在知识的提取过程中，学生不仅梳理了知识脉络，更发展了认知。

上述四个理论为思维导图的应用提供了较充分的理论依据，随着科学研究的发展，相关的理论将会不断丰富和完善，为人们有效应用思维导图提供更加精细的指导。

第五节 如何评价思维导图

思维导图的形式评价

思维导图虽然具有一定结构和表达形式，但在实践中，即使关于同一个主题的思维导图，也会有诸多差异，那么，如何判断一张思维导图的形式是否规范，内容是否符合逻辑而有质量呢？我们可以从规范性（形）和内容（神）两个方面来评价思维导图。

一、评价标准：规范性

思维导图是具有特定结构的可视化工具，有一定的规范。表 1-5-1 是我们提出的思维导图的规范性评价标准，评价的维度主要有中心主题、关键词、文字、图形与图像、符号、线条、色彩、交叉连线、布局和结构十个方面。

1 1> 表 1-5-1
思维导图规范性评价标准

序号	评价维度	评价指标	是否必要
1	中心主题	位于视觉中心，突出醒目	是
2	关键词	关键词提炼合理，尽量在五个字左右，不是句子	是
		每条线上只写一个关键词	
3	文字	书写工整、清楚	是
		排版风格统一	
4	图形与图像	图形与图像清晰、生动，与相应关键词的内容相关	否
5	符号	符号明确形象，与相应关键词的内容相关	否
6	线条	线条从主题向外由粗到细地延伸	是
		使用曲线，线条流畅	
		每级子分支的线条都通过节点与上级分支连接在一起	
		线条长度与关键词的长度尽量一致	
7	色彩	色彩使用合理，有明显区别而又和谐、美观	否
		同一个分支上的线条或文字使用同一种色调	
8	交叉连线	连线指向明确，数量适当	否
9	布局	布局合理、美观	是
		各分支之间保持适当的距离	
		图像、符号与关键词排列风格一致，大小适当，便于阅读	

续表

序号	评价维度	评价指标	是否必要
10	结构	结构完整 至少有两个一级分支	是

案例：思维导图的评价

我们一起看看几张思维导图的形式是否规范和美观。请仔细观察图1-5-1存在哪些问题。

图中“窑洞”字号偏小，中心主题的字号应明显大于其他文字；同一张思维导图应使用同一种风格的线条；图像大小应根据所在分支的层级有所区别，比例适当，不能太大或太小；图像应与关键词表述的内容紧密相关；关键词要提炼合理，每条线上只写一个关键词。

图1-5-2是修改前的“食在广州”思维导图。右侧两个分支距离过大，应进行修改。

为了做出更具体的评价，我们可以根据思维导图使用的目的，确定各评价维度的权重，制订各指标的分值和权重。

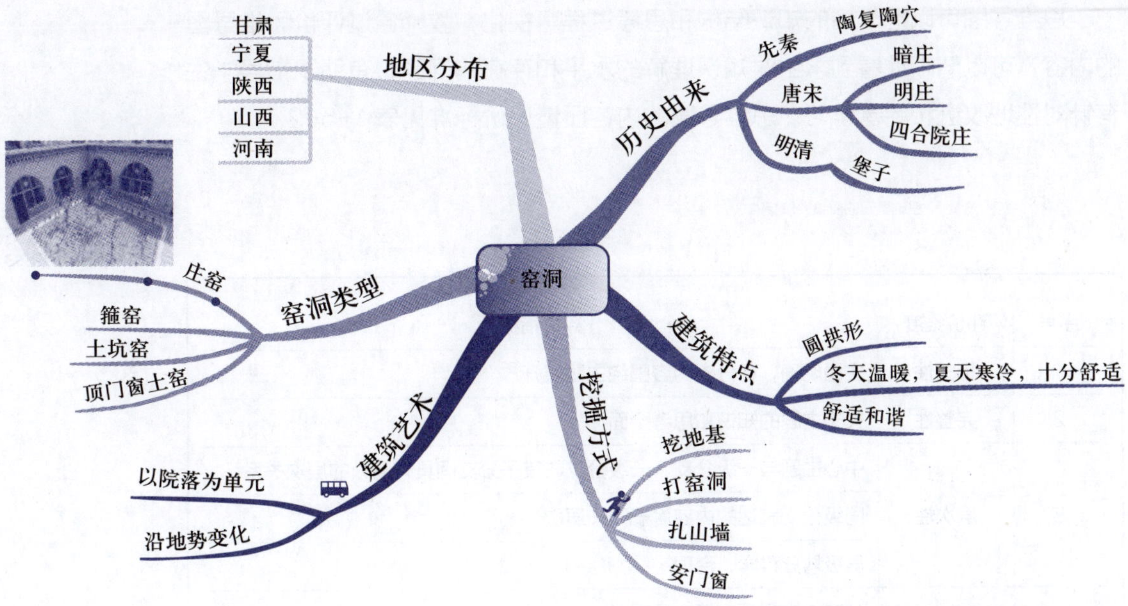

图1-5-1 “窑洞”思维导图（待完善）

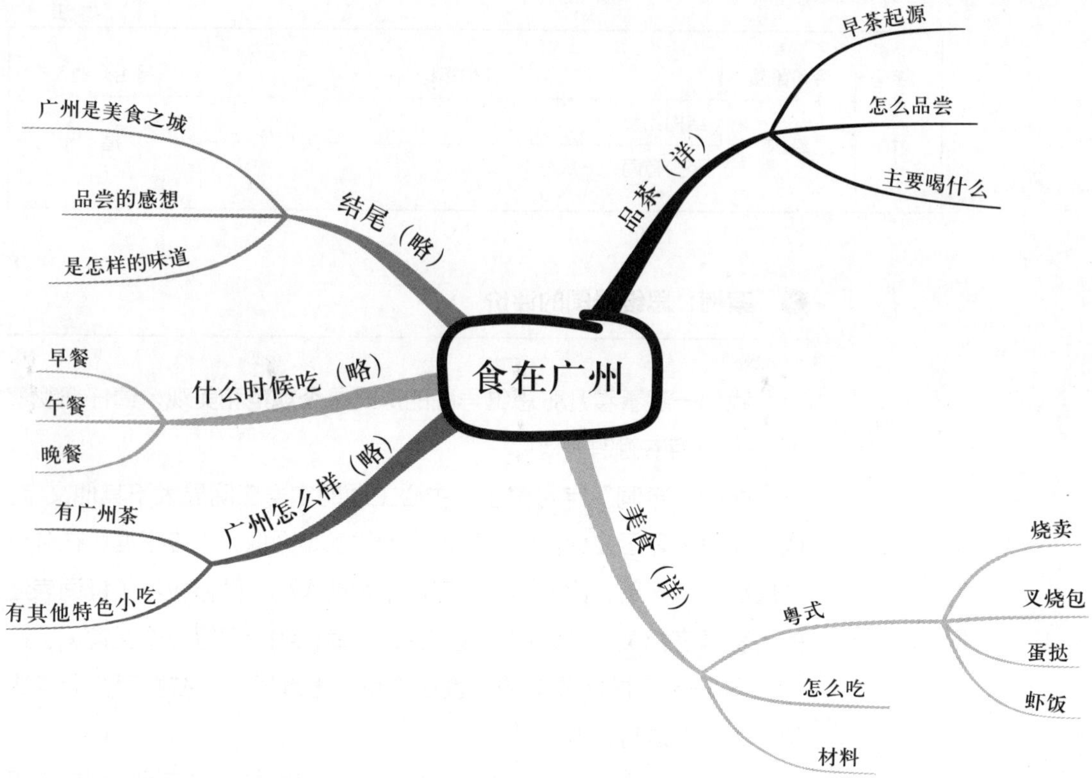

1 1>图 1-5-2
"食在广州"思维
导图（待完善）

二、评价标准：内容

思维导图可以把学生的知识结构和思考过程可视化，教师通过评价思维导图的内容，可以清晰地看到学生对知识理解的水平和存在的问题，有助于指导学生有针对性地改进和完善学习。思维导图的内容质量评价标准见表 1-5-2。

1 1> 表 1-5-2
思维导图的质量评价标准

序号	评价维度	评价指标
1	相关性	主题明确，各分支内容围绕主题展开
2	完整性	关于主题的知识和思考全面
3	层次性	中心主题与一级分支、一级分支与其子分支间具有清晰的层次关系
		同级分支表达的内容属于同一层次
		层级划分科学、合理
4	逻辑性	分支的排列顺序符合逻辑
		每个一级分支下的所有子支都围绕一级分支的关键词向外发散展开
		交叉线条连接的内容之间具有关联性

续表

序号	评价维度	评价指标
5	精确性	关键词简洁、准确
6	深刻性	对主题及其要素的分析和思考深入
7	创新性	分析主题的视角新颖
		提出了新观点

MOOC 学员有话说

林明海：

这门课程让我改变了思维导图很简单，不用专门学习的错误看法。精彩的课程讲解与老师的精心指导使我掌握了思维导图的精髓。没想到自己上传到讨论区的一张思维导图，竟然能得到老师和其他学员的热情点评。五十多条点评，不仅让我知道了自己应用思维导图存在的问题，而且还明白了提升思维逻辑性与深刻性的重要价值。只有多实践才能真正领略到思维导图的价值。

佩佩大果儿：

有意义学习理论指出，学习是学习者将新知识与旧知识建立联系的过程，是形成新的认知结构并对其不断改造和重新组织的过程。思维导图使这个过程可视化、简洁化。思维导图通过分类和整理，将零碎的信息组块构建成更大的图符化信息组块，降低了人们的认知负何，提高了大脑的信息加工和存储能力，提升了思维加工质量。

MiMiNN：

这门课程让我真正理解了思维导图，学会了使用和评价思维导图的方法与策略，体会到思维导图的工具性、实用性。思维导图最厉害的功能是激发思维。当写方案毫无头绪时，我通过围绕中心主题进行思维发散，快速解决了问题，形成了工作方案。

MOOC 陈明芝：

以前知道思维导图功能很强大，也知道怎么画，但就是不知道怎么用。课程介绍了思维导图被企业经理用来申报项目，被大学教授用来写计划、做研究的案例激发了我的学习动力。课程让我受益匪浅！

第二章
创作思维导图

○ 学习提示

本章内容的实践性和操作性均非常强，建议你合理制订学习计划，与我们一起完成学习任务。在学习本章前，我们有如下学习提示。

提示1：软件学习是一个从不会到会，从会到熟练的过程，初学者难免会遇到各种问题，这是很正常的。请你相信，只要方法得当，练习充分，无论你是处于什么年龄阶段的零基础学员，都可以在一周内熟练掌握一款思维导图软件。

提示2：思维导图软件的官网上一般都有较为详细的图文教程或视频教程。建议你先花一点时间学习这些教程，然后结合课程内容学习操作方法。

提示3：学软件，与同伴的交流非常重要。请在课程讨论区及时与同伴分享自己创作的心得体会或通过互助解决问题，在交流分享中共同进步。

创作思维导图

第一节

思维导图的绘制规则

选纸：白纸为宜

中心主题的位置：中心或中心偏左

分支顺序：符合逻辑，方便阅读

连线：使用曲线连接各级分支

文字和图像、符号：明确、风格一致

色彩：易于识别、记忆

审阅、修改

第二节

常用思维导图软件

电脑端

移动端

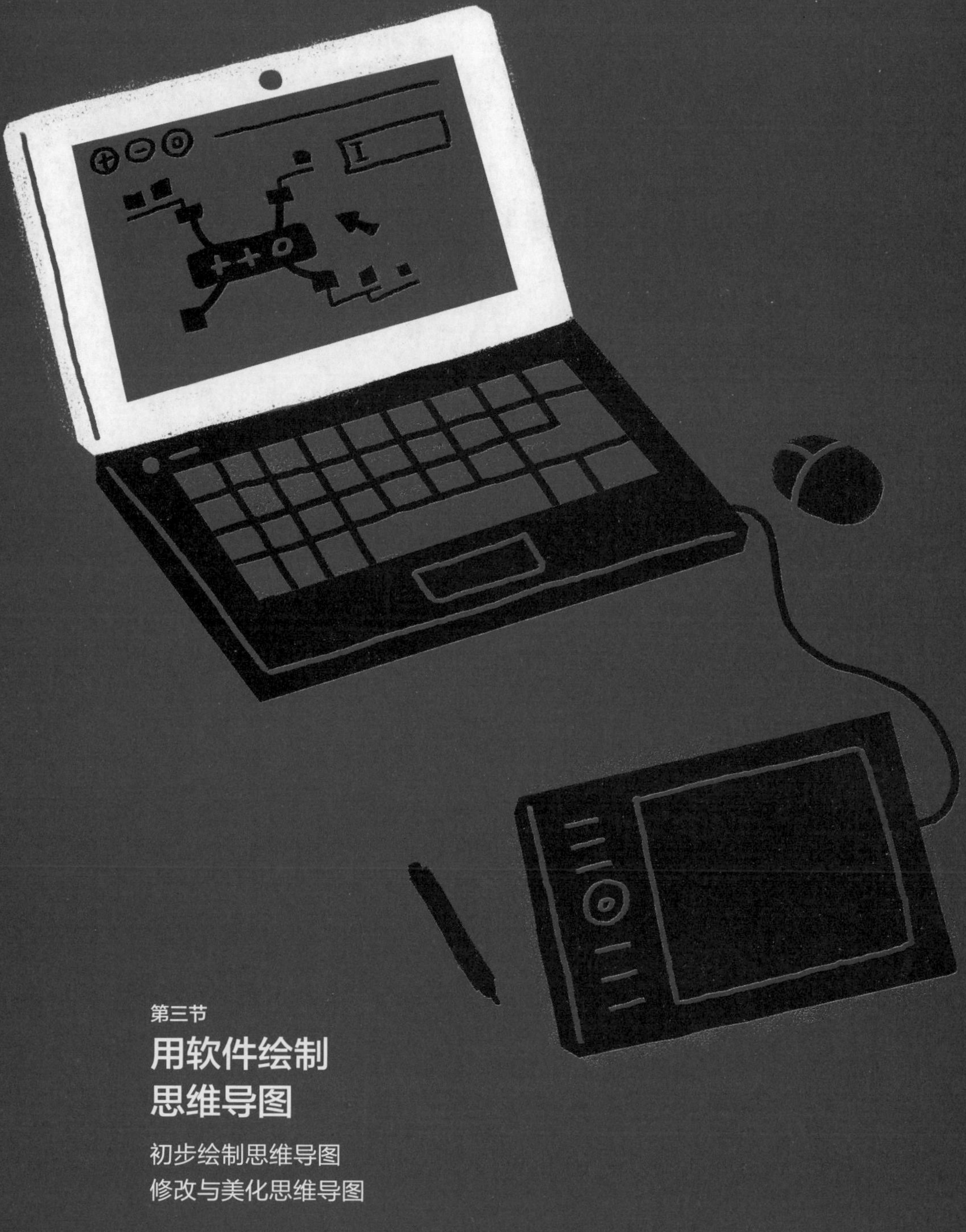

第三节

用软件绘制思维导图

初步绘制思维导图
修改与美化思维导图

第一节 思维导图的绘制规则

手绘思维导图的方法

思维导图的绘制规则是人们思维导图创作经验的总结，遵循这些规则可以让思维导图清晰、美观，既方便自己记忆，也方便别人阅读和交流。

思维导图之父托尼·博赞提出的思维导图绘制规则为：（1）从白纸的中心开始画，周围要留出空白；（2）用一幅图像或图画表达中心思想；（3）绘制时尽可能使用多种颜色；（4）连接中心图像和一级分支，然后再连接一级分支和二级分支，接着再连接二级分支和三级分支，逐级连接；（5）用漂亮的曲线连接，永远不要用直线连接；（6）每条线写一个关键词；（7）尽可能多地使用图形。

本书基于上述对思维导图绘制规则进行梳理与总结，如下。

一、选纸：白纸为宜

当绘制思维导图时，尽量用白纸，因为线条或方格类纸张会给人视觉干扰（图2-1-1）。根据分支的数量确定白纸是横放还是竖放。

1

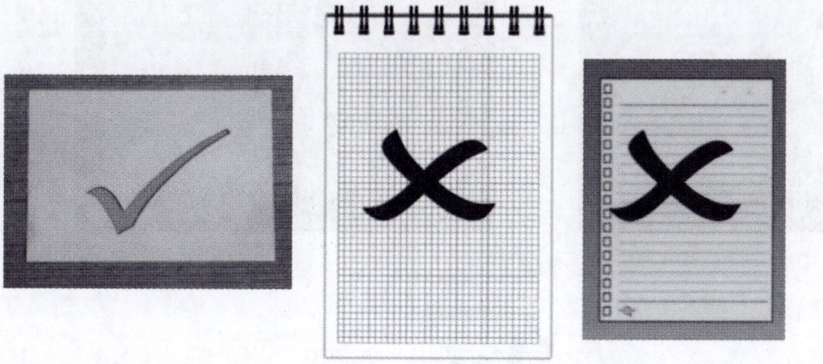

1>图2-1-1
选纸示例

二、中心主题的位置：中心或中心偏左

中心主题是我们想要解决或讨论的问题，确定后，要根据预计的分支数量多少来决定中心主题的位置。一般在纸张的中心或中心偏左的位置，写下思维导图的中心主题（图2-1-2）。

三、分支顺序：符合逻辑，方便阅读

绘制者最好从钟表1点钟的位置开始顺时针绘制。可以先绘制思考得比较完善的分支，但各分支的先后顺序一定要符合逻辑，便于人们阅读、理解。

图2-1-3围绕中心主题“我的周六”，从右上到左下，沿顺时针方向依次绘制各个一级分支。爬山、逛公园、打球等一级分支之间要留有适当的空白，为后续添加各级分支留下空间。

在确定一级分支后，我们就可以添加各级分支了。这时可以根据个人习惯进行绘制，可以先绘制一个一级分支上的各个子分支，再逐步绘制其他分支上的各级分支；也可以在绘制好所有一级分支后，再绘制每个二级分支的下一级分支。需要特别注意的是，分支之间要有一定的逻辑性。

四、连线：使用曲线连接各级分支

曲线流畅、美观，便于添加下级分支和内容，因此我们通常使用曲线连接各级分支。从中心向外，所绘线条的粗细要有变化。学习者可以先画出一样粗细的线条，等画完所有内容后，再对线条进行修饰美化。

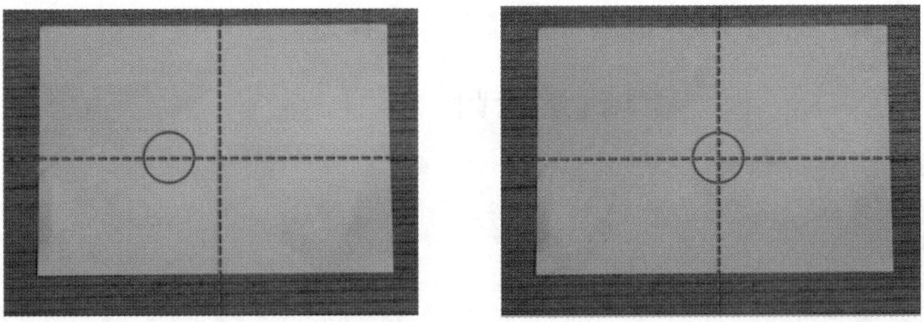

1

2

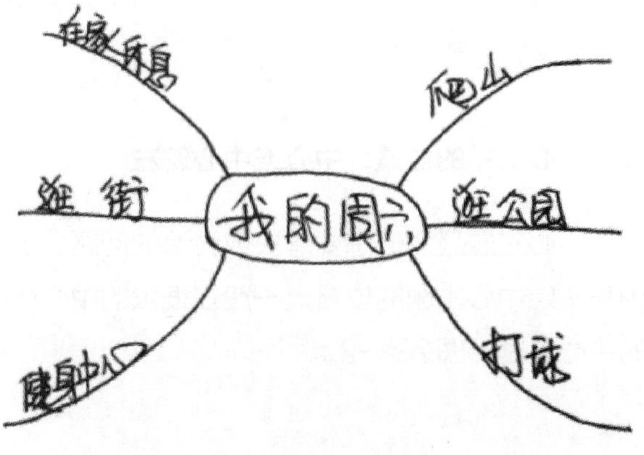

1>图2-1-2
中心主题位置
示意图
2>图2-1-3
“我的周六”
思维导图

五、文字和图像、符号：明确、风格一致

每根线条上只写一个含义明确、表达简练的关键词，在特殊情况下，才使用句子，例如分析诗词的思维导图。整个思维导图中的文字、图像、符号风格要保持一致。需要明确的是，图像和符号是为了增强内容的形象性，切忌过多、过密。

六、色彩：易于识别、记忆

色彩能使思维导图变得生动且更有层次性，能更好地被阅读者识别、记忆。在实际绘制中，学习者可以在一开始就使用彩色笔绘制线条和书写文字，也可以在绘制完成后添加分支线条的色彩。

七、审阅、修改

在绘制过程中，可能会出现关键词内容重复、交叉或有歧义等情况，因此学习者要养成审阅、修改思维导图的习惯。特别是用于交流的思维导图，为保证整洁、美观，学习者可能需要多次绘制。

案例：思维导图点评

根据思维导图的绘制规则，我们从内容和形式两个方面，点评图2-1-4。

（一）优点

（1）主题位于视觉中心，醒目明确。

（2）文字书写工整、清楚，风格统一，且字号逐级减小。

（3）色彩区分程度高，整体搭配合理、美观，同一分支色彩统一。

（4）图像、符号生动、形象，符合主题。

（5）线条由粗到细，层次明确，线条流畅。

（6）连线指向明确，数量适当。

（7）结构完整。

（二）缺点

“基本信息”分支中的“性别”“年龄”“身高”“体重”应分列子分支，然后再详写各部分内容。

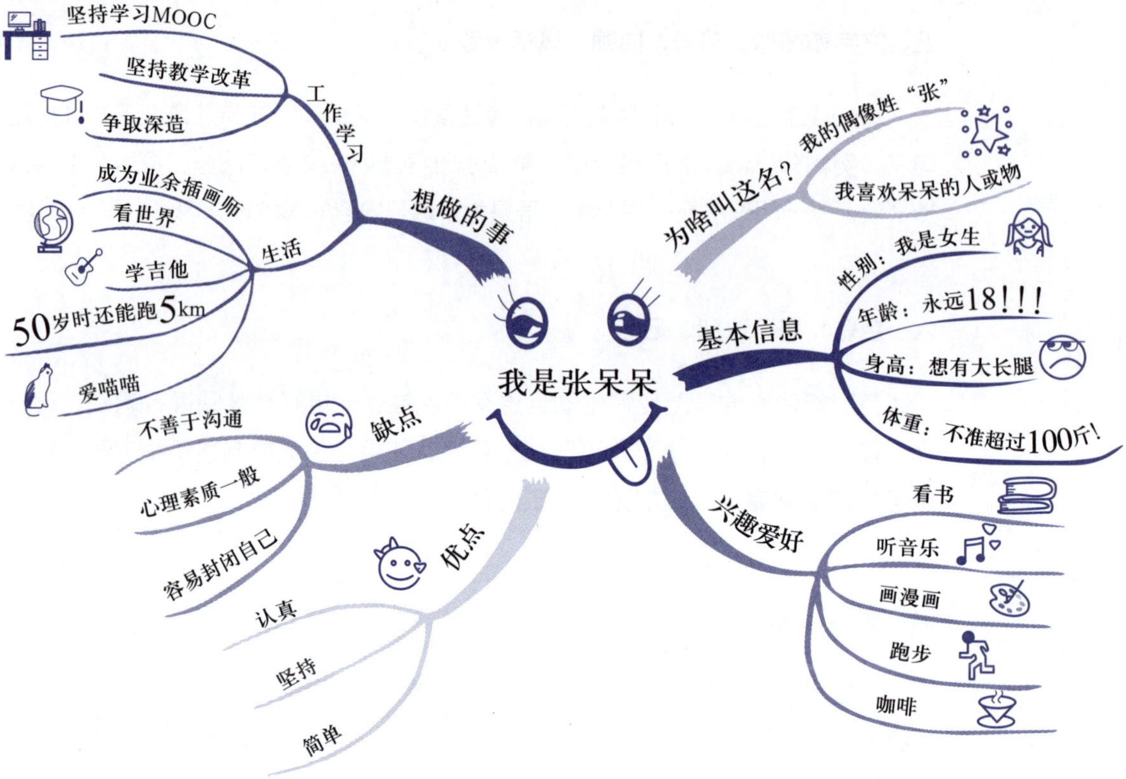

1 1>图2-1-4 “自我介绍”思维导图示例

第二节 常用思维导图软件

常用思维导图软件

手绘思维导图虽然可以随时随地绘制，但不方便修改和分享。学习者用软件绘制思维导图可以不留痕迹地不断修改、美化，通过在线协作，还可以与同伴高效快捷地创作、分享思维导图。了解电脑端和移动端思维导图软件的种类与特点，有利于学习者根据使用需求选择合适的软件。

许多思维导图软件都有官方网站或公众号，学习者可以从这些渠道了解软件的具体功能。本书仅简要介绍一些常用的思维导图软件。[①]

① 学习者也可以关注“第一题思维训练”公众号，查阅思维导图软件的最新介绍文章。

一、电脑端：常用的思维导图软件

思维导图软件的功能大同小异，以下仅简要介绍几款电脑端常用的软件。

（一）FreeMind

FreeMind下载与安装教程

FreeMind是一款基于JAVA的开源思维导图软件，可以跨平台使用。FreeMind有较大的编辑工作区域，简洁易用，界面朴素，不过美观性稍弱，但功能与其他软件相比也不逊色。完全免费使用是FreeMind最大的优势。

（二）iMindMap

iMindMap是思维导图创始人托尼·博赞带领团队开发的思维导图软件，界面友好，容易使用，功能丰富，能提供三维视图，用户可以从各个角度观看思维导图。另外，用iMindMap制作的思维导图线条流畅、优美，非常接近手绘风格，更加符合思维导图规范。

（三）MindMaster

MindMaster是一款重视在线同步与协作的跨平台思维导图软件。MindMaster的操作界面简洁，兼容性强，能够导入Word和网页格式的文件。MindMaster基础版免费，专业版需付费方可使用。

近年来，由于思维导图的流行，一些办公软件也开发了创作思维导图的功能，例如WPS、印象笔记、ProcessOn等。WPS 2019以上版本具有制作思维导图的功能，但其免费版提供的思维导图模板形式不够规范，如一级分支中关键词的线框不能去除，子分支的线条是直线，不能调为曲线。

此外，MindLine、MindMapper、Xmind、迅捷画图、百度脑图、MindNote、NovaMind等软件，各有其优点与局限，选择软件时，可以登录相关软件的官网或公众号，进行比较、选择。

二、移动端：常用思维导图软件

随着信息技术的飞速发展，移动端思维导图软件越来越多，极大地满足了人们随时随地创作思维导图、高效交流和协作的需求。

移动端思维导图软件的使用越来越便捷，用户既可以下载应用程序，也可以直接在微信小程序中使用。相对而言，应用程序的功能更加强大。与电脑端思维导图软件相比较，移动端思维导图软件价格更低，在线协作和云端同步与分享更加方便、快捷。

选择移动端思维导图软件，主要要考虑的因素有操作系统与软件的兼容性、云端同步的空间、功能与性价比。下面主要介绍MindLine、ProcessOn、XMind三款软件。

（一）MindLine

MindLine是一款发展很快的国产软件。它秉承极简设计的原则，其操作快捷，使用者可以轻松构思、扩展想法和计划。MindLine分为基本版和专业版，基本版是免费的，专业版需要付费。制作好的思维导图可以导出为图片、PDF和HTML等多种格式，并能随时随地分享给他人。MindLine具有强大的云服务功能，可以使不同设备上的文件实现共享，也支持在线编辑。

（二）ProcessOn

ProcessOn是思维导图软件的后起之秀。它模板资源较为丰富，不但有思维导图模板，还有流程图、时间轴、架构图等模板可供选择，这些模板为思维可视化提供了更多可能。此外，该软件操作便捷，比如一键编号功能、多样的界面操作元素、风格切换功能，都为我们绘制思维导图提供了便利。ProcessOn分为免费版和会员版，即使只使用免费版也能体验到该软件的强大功能。除了工具属性外，ProcessOn也是一个分享社区，用户可以将自己有价值的知识绘制成图后发布到ProcessOn平台，与他人进行交流。

（三）XMind

XMind有电脑端和移动端两个版本，移动端XMind支持苹果系统和安卓系统，界面简洁、明了，能够随时随地查阅思维导图。XMind手机端的基础功能是免费的，想要解锁全部功能，需要支付一定的费用。

该软件具有如下特点。（1）设计个性化：支持自定义样式和快速样式，有几十种精心设计的主题，可以让思维导图变得更加生动形象。（2）功能多样化：支持备注、编辑、超链接、附件等操作，提供大量的贴纸，以便用户完成图文并茂的思维导图。（3）支持多种格式：支持导入多种格式的思维导图，如XMind、PNG、PDF等文件格式。

第三节　用软件绘制思维导图

手绘思维导图只要有纸、笔就可以随时随地进行。但是，一旦画错某一处，整张思维导图都不好看了，而且有些已经完成的思维导图，修改起来更麻烦。用思维导图软件可以轻松破解这些问题。那么，如何用思维导图软件创作出内容丰富、形式美观的思维导图呢？掌握思维导图软件绘制思维导图的基本步骤，可

如何用软件创作思维导图——以WPS为例

以让人们在创作中事半功倍，游刃有余。办公软件WPS 2019以上版本也新增制作思维导图的功能，使人们不用另外安装软件，即可创作思维导图，使用者随时可在文档与思维导图间灵活切换。

在互联网时代，人们越来越习惯用移动端创作思维导图。MindLine软件是使用较为广泛的软件，因此我们以它为例，介绍如何用移动端绘制思维导图。

一、初步绘制思维导图

用软件绘制思维导图的步骤如图2-3-1所示。

（一）新建思维导图，确定中心主题

移动端绘制思维导图的步骤方法

首先，打开MindLine软件，点击右上角的导航条，选择“新建导图”，如图2-3-2所示。在新建的文件中间双击进行编辑，确定中心主题内容，如图2-3-3所示。为了避免在编辑过程中出现意外丢失文件的情况，要立刻保存文件，同时在编辑过程中要注意及时保存文件。

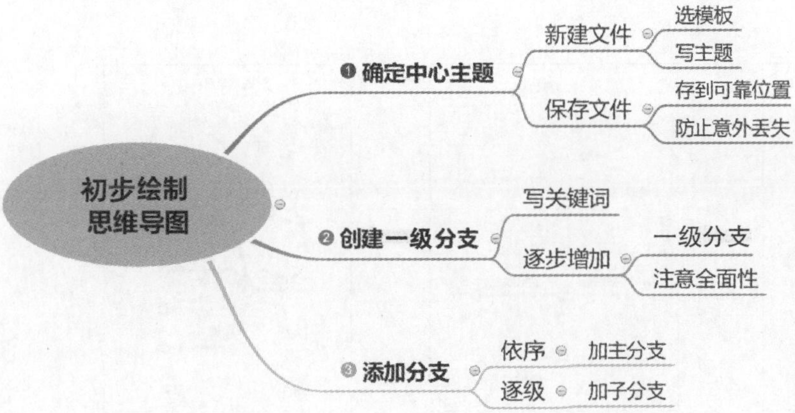

1
2

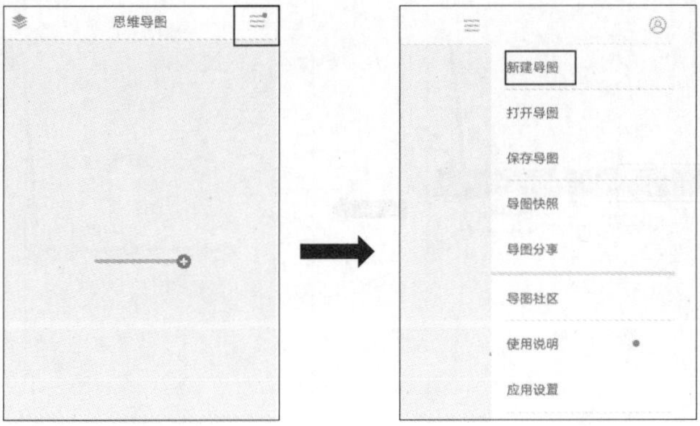

1>图2-3-1 用软件绘制思维导图的步骤
2>图2-3-2 新建思维导图文件

（二）创建一级分支

确定在思维导图中心主题后，需创建一级分支，填写关键词，可点击中心主题旁边的“+”，向右添加分支来创建一级分支，并填写关键词，如图2-3-4所示。也可以长按中心主题，向左添加分支，如图2-3-5所示。

此外，长按分支内容，屏幕上会出现功能区，可对分支进行移动、复制和删除等操作；或者双击分支内容，点击下方的功能键，也可对分支进行移动等操作，如图2-3-6所示。

1

2

3

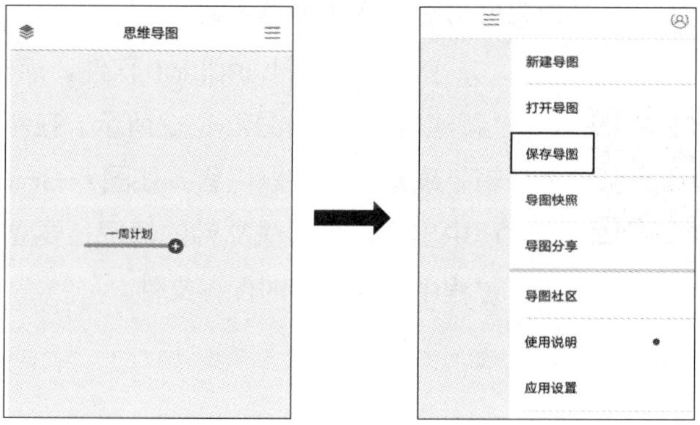

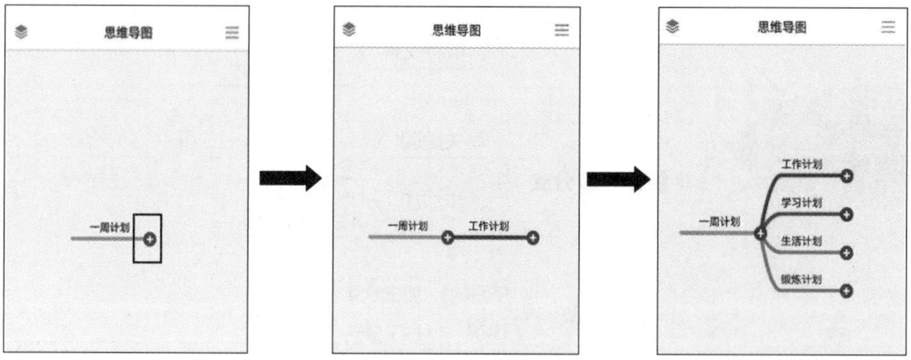

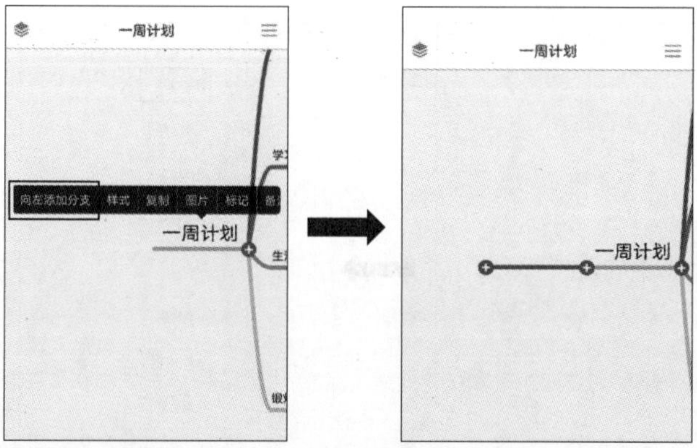

1>图2-3-3
确定中心主题、保存导图
2>图2-3-4
向右添加分支
3>图2-3-5
向左添加分支

（三）逐级添加分支

在绘制好思维导图的一级分支后，可以点击各分支旁的“+”，逐级添加次级分支，并填写关键词，如图2-3-7所示。

在绘制思维导图的过程中，可点击思维导图的左上角图标，切换成文字大纲进行阅览和编辑，如图2-3-8所示。

1

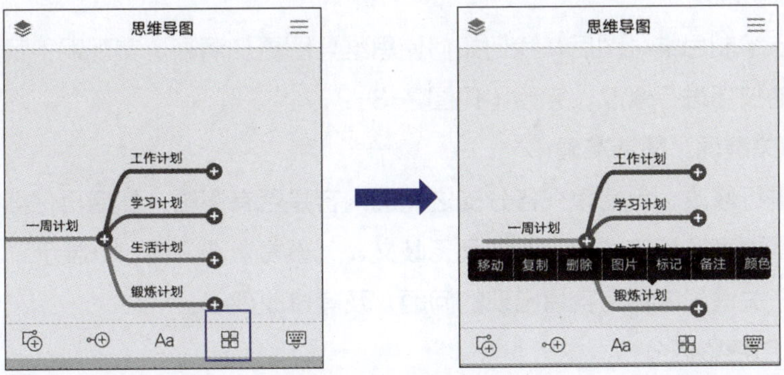

2

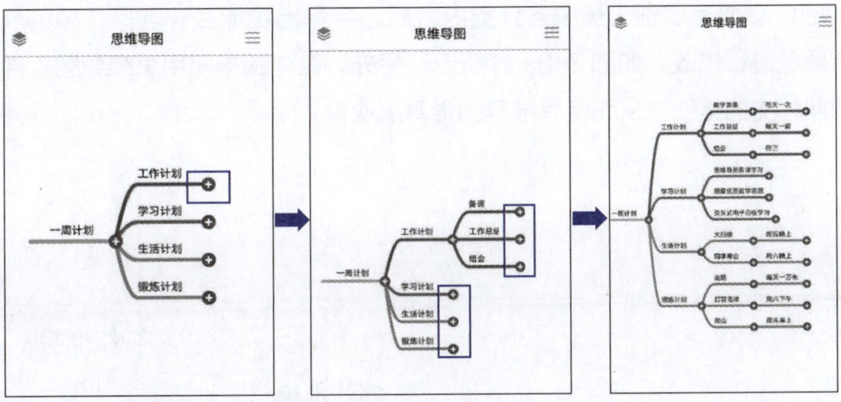

3

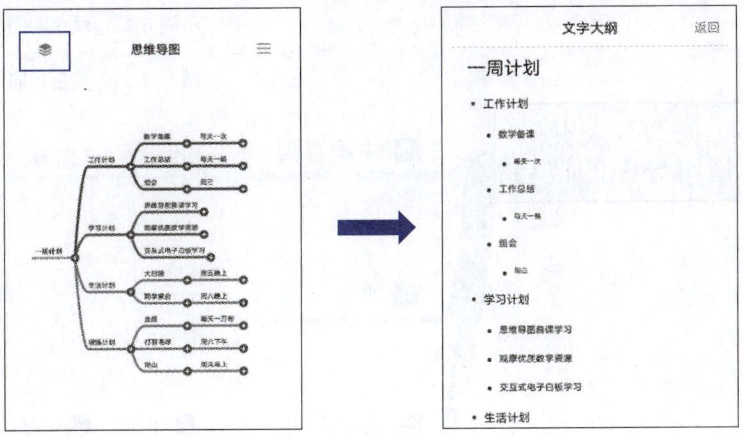

1>图2-3-6
长按或双击分支内容，调用功能区
2>图2-3-7
逐级添加分支
3>图2-3-8
切换文字大纲

二、修改与美化思维导图

用软件绘制思维导图的优势不仅体现在绘制的步骤中，更体现在初步绘制后的修改与完善中。在思维导图软件中，我们可以便捷地调整思维导图的格式、色彩、样式与布局，还可以添加多种的图像、图标，更重要的是可以多次重复修改而不影响美观。

电脑端：修改与美化思维导图的技巧

那么，在初步绘制思维导图后，我们如何使思维导图更加清晰、美观呢？我们可以使用下面的技巧进行修改、完善（见图2-3-9）。

（一）分支与关键词：简洁准确

首先对内容进行修改，包括审视各分支之间的内容是否有逻辑；然后再仔细审阅各个关键词是否表意简洁准确，要做到无歧义、无重复。图2-3-10展示了在思维导图分支、关键词内容上容易出现的问题，及其修改建议。

（二）分支：用色彩区分

不同色彩的使用可以使思维导图的分支、层级关系更加突出。注意中心主题与各分支之间的色彩要有明显区别，同一个分支上只能使用一种颜色，不同一级分支之间的色彩要有区别。长按各分支内容后，会弹出功能区，选择“颜色”，可对分支颜色进行修改，如图2-3-11所示。另外，在电脑端使用思维导图软件还可以调整分支的粗细，从而使思维导图更具层次性。

1

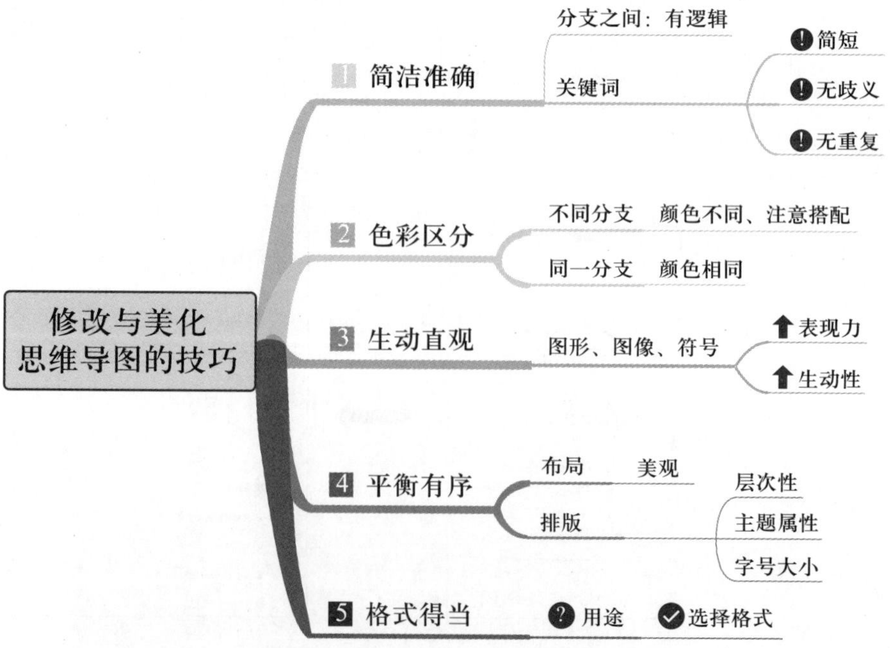

1>图2-3-9 “修改与美化思维导图的技巧”思维导图

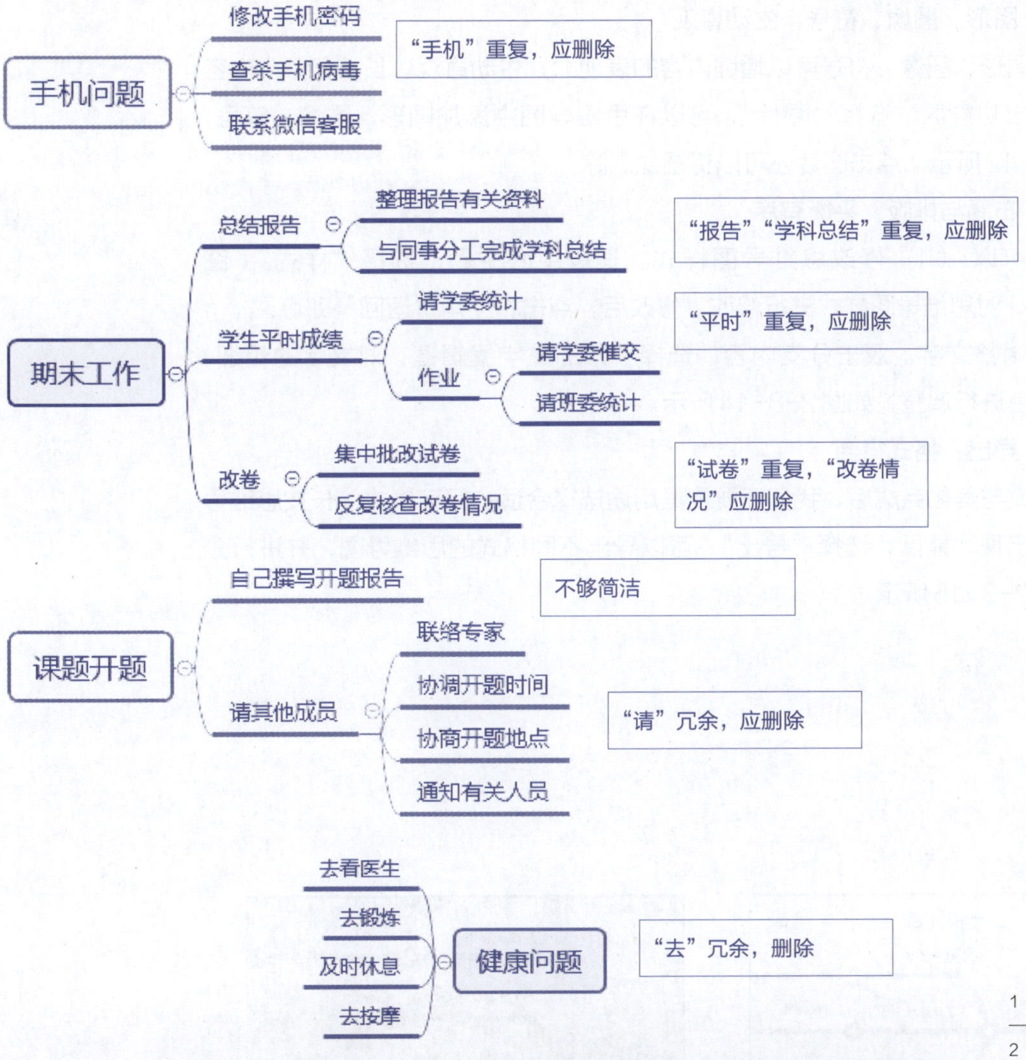

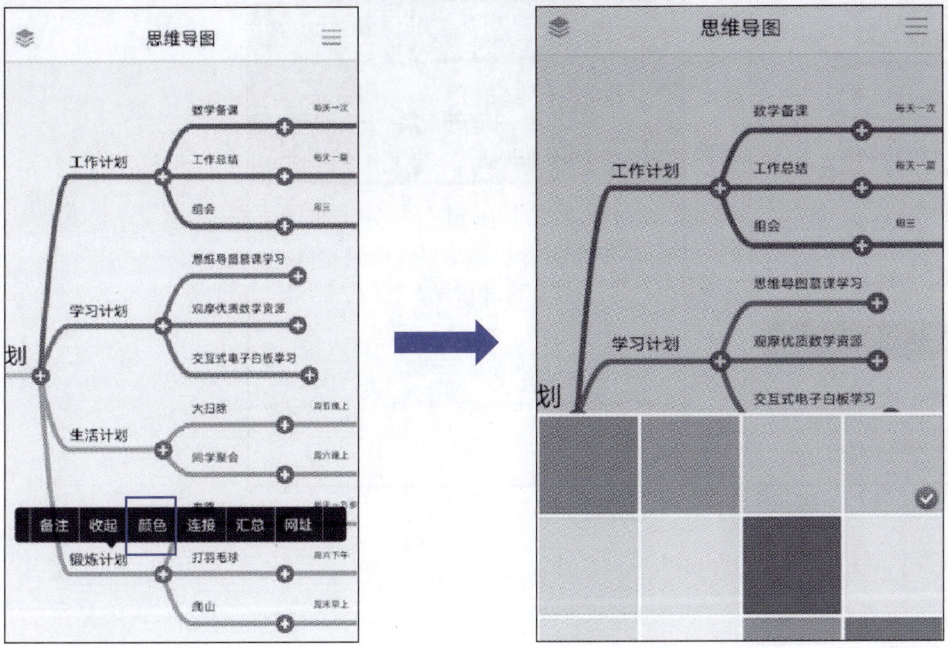

1>图2-3-10
修改分支、关键词内容示例
2>图2-3-11
调整分支颜色

（三）图形、图像、符号：生动直观

使用图形、图像、符号可以增强内容的表现力，生动直观。长按各分支内容后，会弹出功能区，选择“图片”，可以在思维导图中添加图形、图像、符号，如图2-3-12所示。点击图片还可以将图像删除。

（四）布局与排版：平衡有序

我们可以：（1）修改思维导图样式。长按中心主题，选择“样式”（图2-3-13），对思维导图样式进行修改。修改后，点击右上角“返回”即可。

（2）调整文字。双击分支内容，选择下方的文字编辑键，对文字的粗细、大小、颜色进行调整，如图2-3-14所示。

（五）导出：格式得当

在修改与美化完成后，我们还要依据用途选择合适的保存格式。长按思维导图内容，出现功能区，选择“导出”，可以导出不同格式的思维导图，并进行分享，如图2-3-15所示。

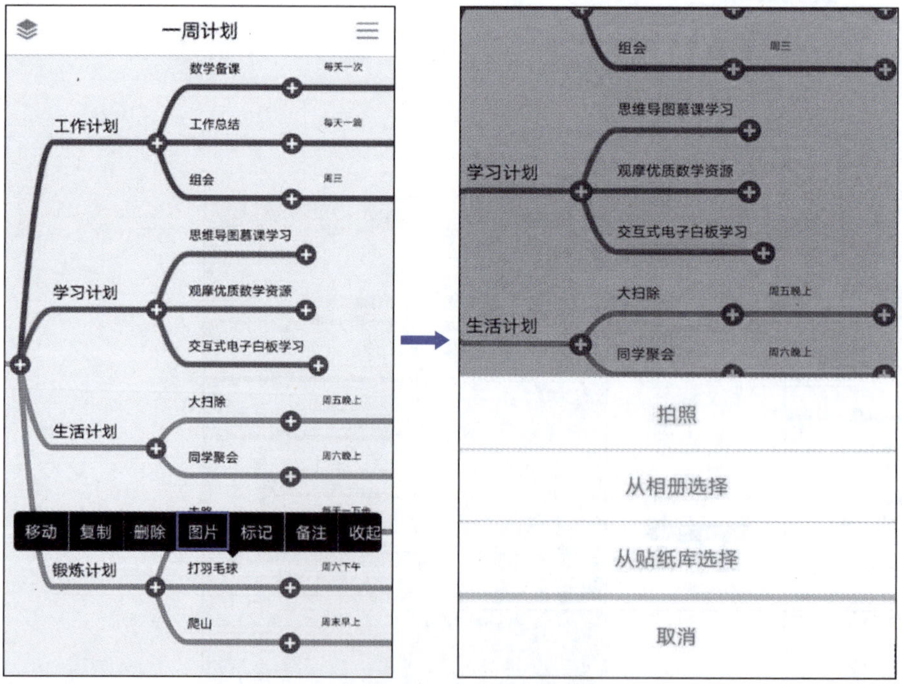

1　　1>图2-3-12
添加图片

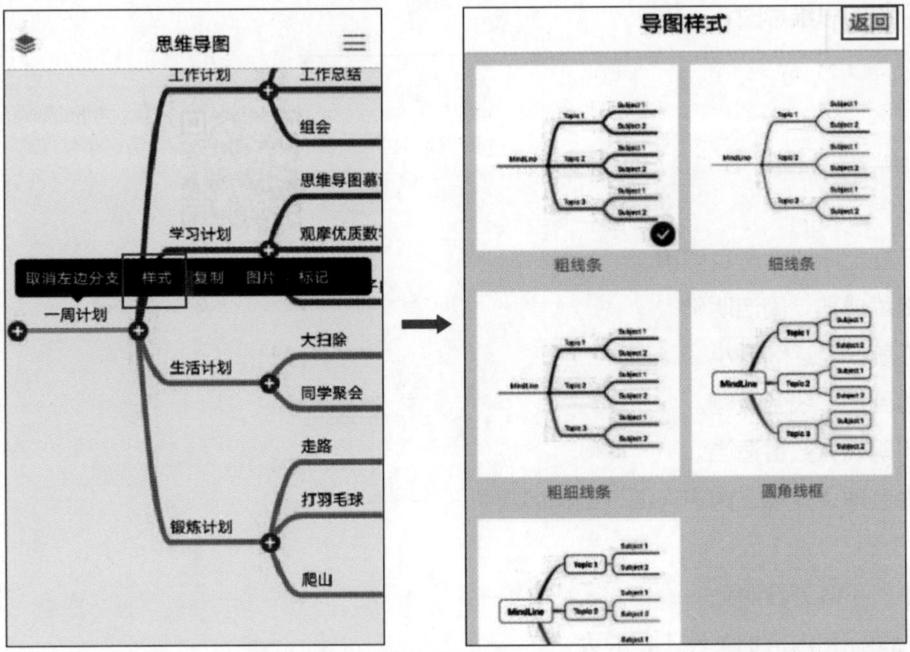

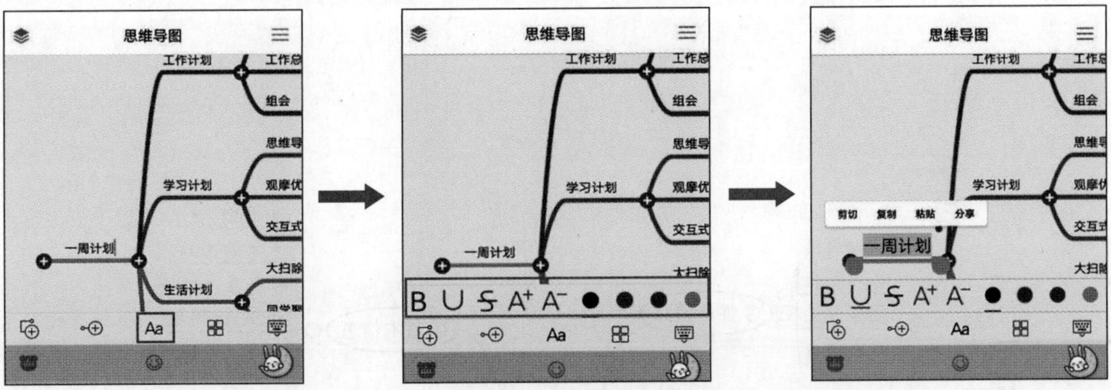

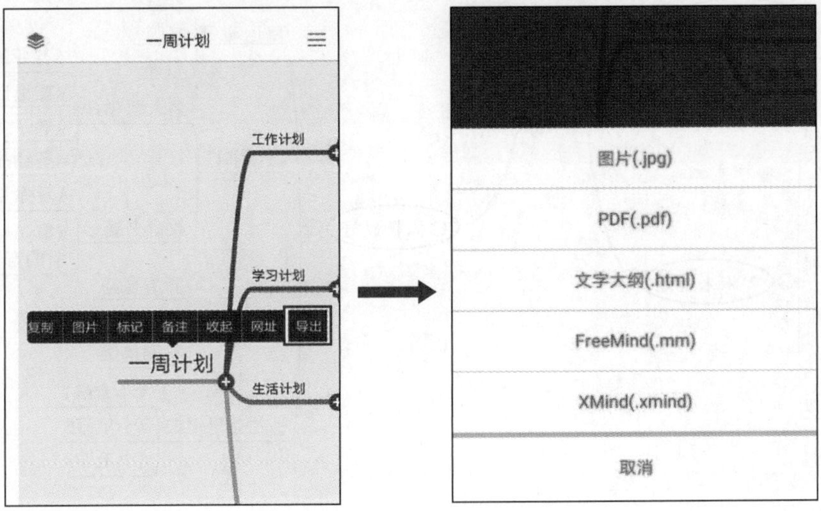

1>图2-3-13
修改样式
2>图2-3-14
调整文字
3>图2-3-15
导出思维导图

案例：个人介绍的思维导图

案例一彩色版

【案例一】

“徐翠勤”思维导图（图2-3-16）的优缺点如下。

优点：

（1）主题位于视觉中心，醒目明确。

（2）关键词提炼成熟，简洁明确。

（3）文字风格统一，逐级减小。

（4）线条由粗到细，线条流畅。

（5）连线指向明确，数量适当。

（6）布局较为合理、美观，内容详细，结构完整。

缺点：

（1）字号偏小，不容易看清楚。

（2）主分支的图标和内容相关性不是很大。

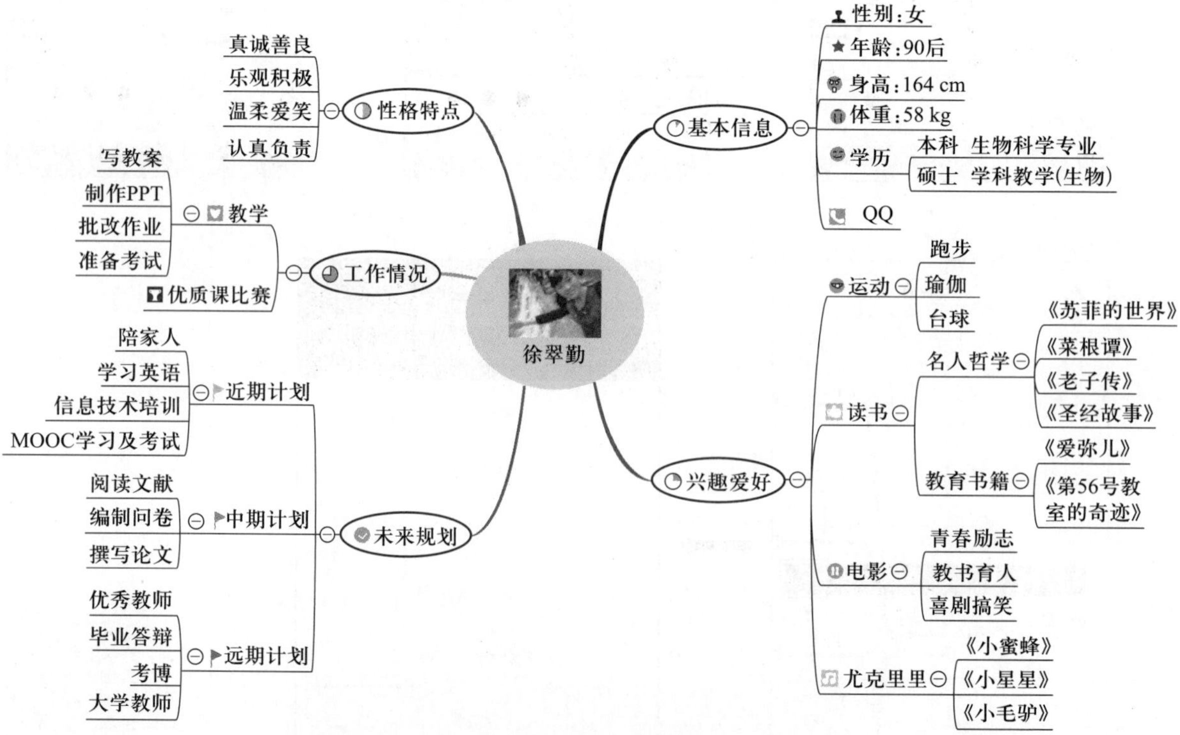

1 1>图2-3-16
“徐翠勤”思维导图

案例二彩色版

【案例二】

“个人介绍”思维导图（图2-3-17）的优缺点如下。

优点：

（1）主题位于视觉中心，醒目明确。

（2）文字风格统一，逐级减小。

（3）色彩区分程度高，整体搭配合理、美观，同一分支色彩统一。

（4）图形、图像与符号生动、形象，符合主题表达，整体活泼、美观。

（5）线条由粗到细，线条流畅。

（6）连线指向明确，数量适当。

（7）结构完整。

缺点：

（1）在“基本信息”分支中，“性别”“职业”应独立为一个子分支，然后再详写各部分内容。

（2）添加的图形、图像与符号没有放在文字的同一侧，稍微显得凌乱。

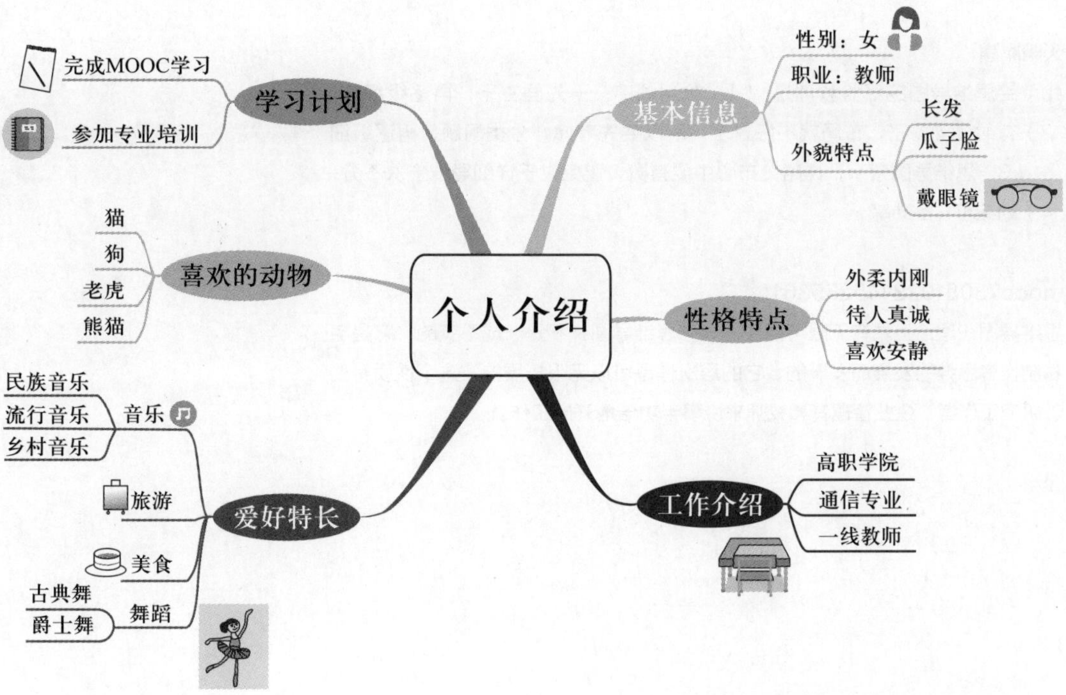

1 1>图2-3-17 “个人介绍”思维导图

心有阳光8888：

学习思维导图时动手画非常重要。有人担心自己画的图不好看，而迟迟不肯动笔，这是很大的错误。只要是自己画的思维导图，无论是否美观，都有益于思维的激发和训练。

萌萌申：

初学思维导图时，我觉得很容易上手，也容易操作，但随着学习的深入，发现并没有想象中那么简单。在制作思维导图的过程中，我发现关键词的提炼、层级结构的分布是重难点。提炼关键词，用哪个词更恰当准确，要反复斟酌；层级结构的分布，怎样做到既简练，又分布合理，在制作过程中都需要反复思考。

山西晋梅：

我对手绘思维导图的问题是：（1）形式：布局难把握，不够美观；书写关键词时忘记字号从中心向外应由大到小；（2）质量：不善于提炼关键词，逻辑关系比较混乱，思维比较肤浅，分析问题不够深刻，解决问题缺乏创新性。解决方法有：（1）通过打草稿解决布局问题，刻意提醒自己注意字号大小区别；（2）通过大量练习提高提炼关键词的能力，逻辑性的提高不可能一蹴而就，需要我们多阅读、勤思考、多与学员或同行交流，通过思维碰撞提高自己的思维深度和广度。最后，要真正发挥导图的作用，必须学以致用，勤动手多练习。

天晴凝黛：

我手绘思维导图的经验教训是：（1）绘制顺序——先画主干，再逐级细化；（2）有时分支多了，布局就不好看了，所以要先考虑好分类问题，再逐级细化；（3）思维导图繁杂，详略分布心中要有数，避免过于详细导致主次不分；（4）勤练习，多动笔。

mooc73081923145255361：

思维导图在理论上具有无限可能性。一张思维导图并不是一成不变的，它是随着制作者思维的发展而发展的，它的层次性是可以无限拓展的。这个性质有助于研究工作者、企业管理者和教师来说事半功倍地开展工作。

第二编

如何用

第三章

思维导图在学习中的应用

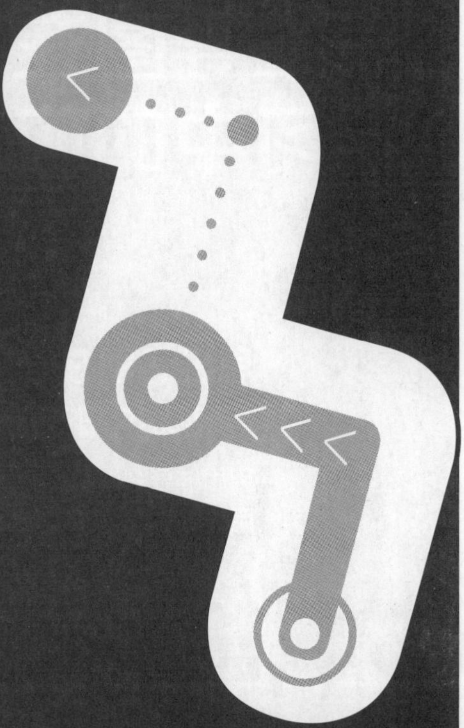

○　学习提示

本章将带你了解如何将思维导图应用于学习情境中。学习中，你可能或多或少都应用过思维导图，那么你有哪些困惑和经验呢？在学习本章前，我们有如下学习提示。

提示1：深入了解思维导图在学习中运用的方式，拓展思维导图的运用范围。

提示2：积极将本章所学应用于日常学习中，相信会对你的学习有所帮助。

提示3：总结思维导图运用于学习情境的有益经验。

思维导图在学习中的应用

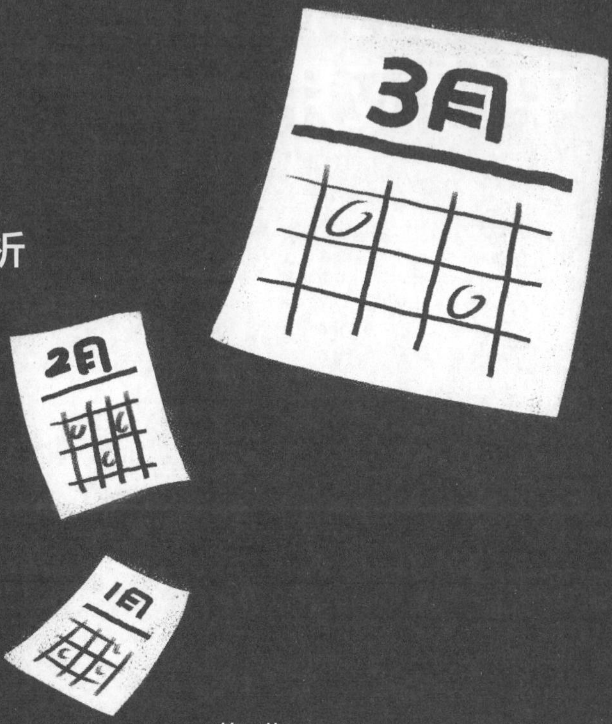

第一节

思维导图在学习分析与规划中的应用

用思维导图做学习分析

用思维导图做学习规划

第二节

思维导图在做笔记与汇报中的应用

用思维导图做阅读笔记

用思维导图做听讲笔记

用思维导图做汇报

第三节

思维导图在备考与解题中的应用

思维导图在备考中的应用
思维导图在解题中的应用

第一节 思维导图在学习分析与规划中的应用

如何运用思维导图促进学习

在学习前，如果能够对学习任务、学习目标、学习内容、学习方法与策略、学习环境、学习问题等进行全面的分析，可以提高学习的针对性和有效性。但是，如果没有有效的工具和方法，分析这些对象不仅费时耗力，而且不一定能提高学习效率或效果。本节精选了思维导图在学习中的经典应用方式，通过学习这些方法与策略，我们能够将思维导图的运用迁移到其他学习场景和学习环节中，使学习在思维导图这个利器的助力下变得更加轻松、高效。

一、用思维导图做学习分析

运用思维导图做学习分析，可以在短时间内快速厘清每部分的具体内容与问题，节约分析时间；可以生动简明地呈现分析结果，方便我们进一步思考不同问题之间的关系，为实际行动提供指引和参考依据，从而提升学习质量。

例如，大学生孙同学，已经大四了，由于要面对就业、考研的双重压力，出现了种种不适应。他希望通过思维导图将自己的处境梳理清楚，以便找到解决对策，迅速行动起来，尽早走出困境（图3-1-1）。

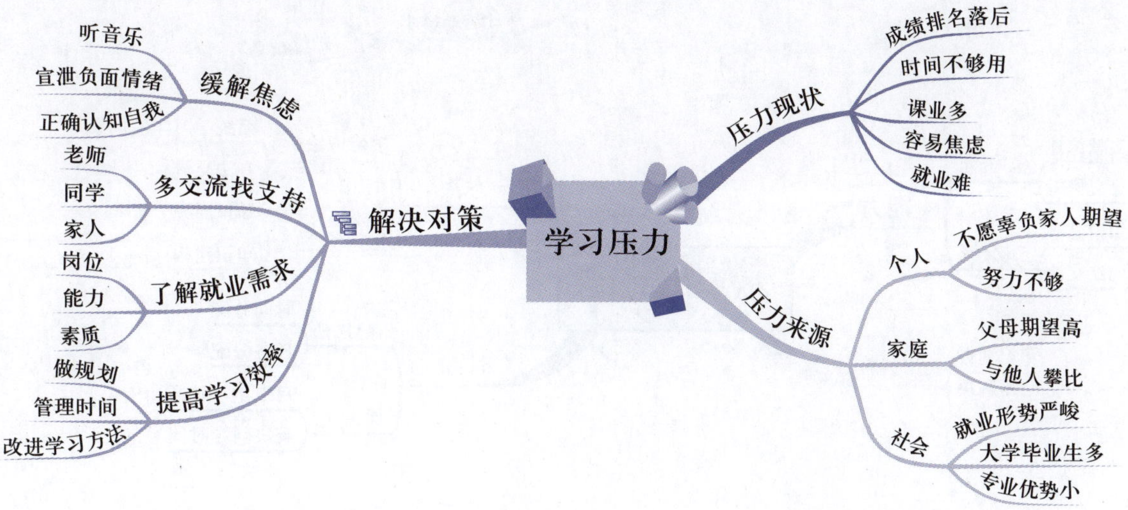

1>图3-1-1 “学习压力”思维导图

分析学习内容的性质、复杂度和难度，能使学习者更加明确努力的方向。小李在学习运动摄像前，用思维导图对单元学习内容的难度进行了分析，如图3-1-2所示。

学习时，每个人会遇到不同的问题，厘清这些问题，有助于我们优化学习过程，提高学习效果，如图3-1-3至图3-1-5。

从上述例子可见，用思维导图做学习分析，可以快速抓住问题的主要方面和重要内容，从而找到解决问题的思路和方法。那么，你在学习中可能会面临哪些问题呢？请试着用思维导图进行分析。

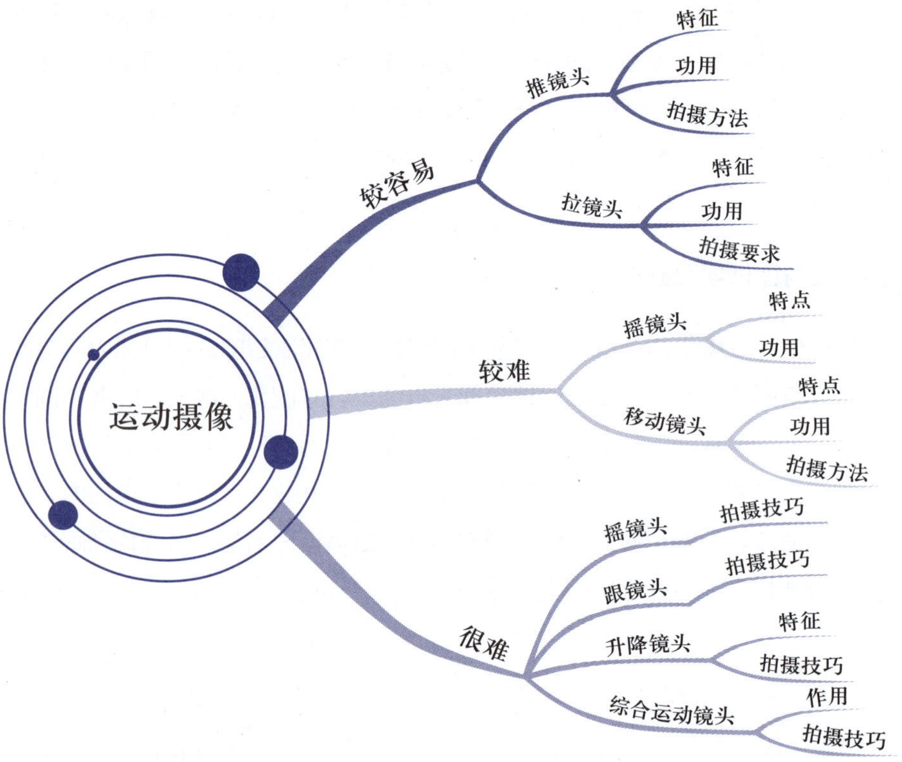

1
2

1>图3-1-2 “运动摄像”思维导图
2>图3-1-3 “学习中的问题”思维导图

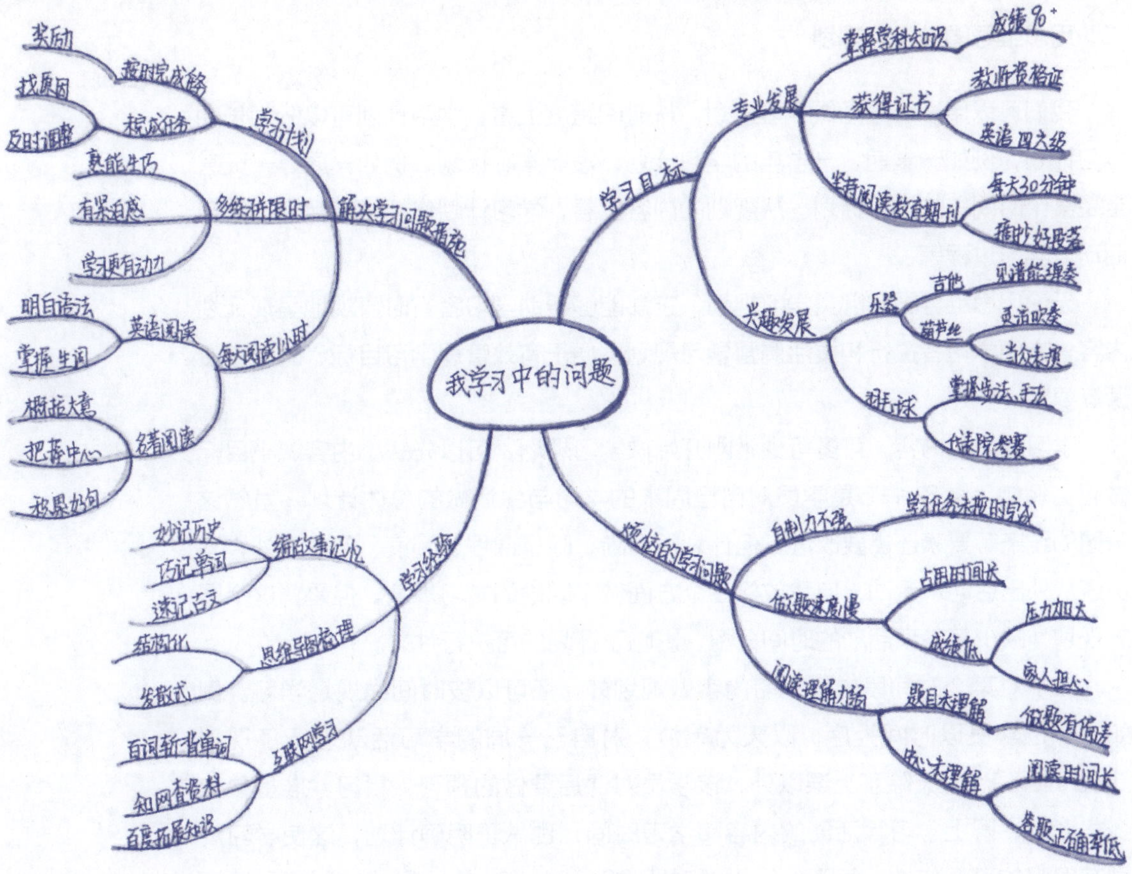

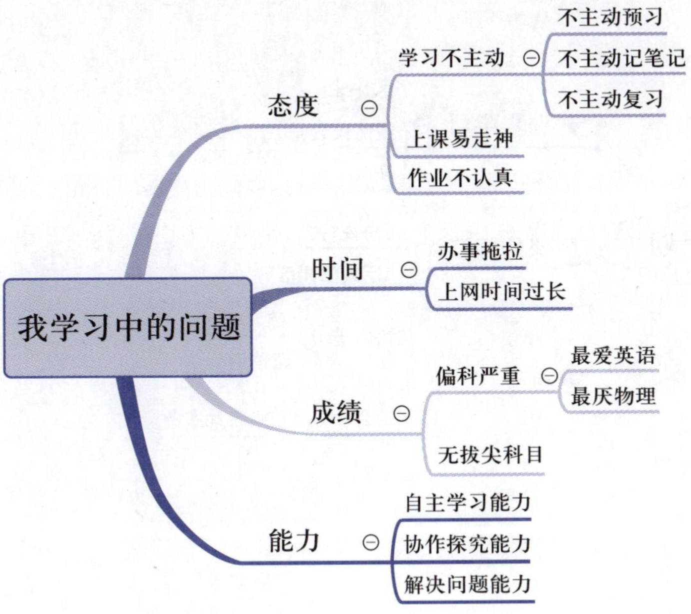

1

2

1>图3-1-4
“我学习中的问题”
思维导图（作品1）
2>图3-1-5
“我学习中的问题”
思维导图（作品2）

二、用思维导图做学习规划

我们可以用思维导图做学习规划。从时间跨度上看，学习计划可以分为长期学习计划，例如一学期、一学年的学习计划；短期学习计划，例如一周、一天甚至是某个时间段的学习计划。从规划的内容上看，学习计划包括学习目标、学习活动、学习过程等。

无论用思维导图做哪类学习规划，它都能够帮助学习者省时直观地呈现计划内容，方便学习者执行和灵活调整学习规划，便于有效管理学习目标、时间和资源等要素。

学习规划的内容，可多可少，刚开始做学习规划，可以先从小内容、小目标做起。例如，图3-1-6是学员对自己周末的学习与生活做的总体计划。虽然这张图的线条等要素还需要改进，但计划很清晰，除了课程、阅读、备考之外，学员还从外出活动、运动、自我放松三个方面做了明确的学习规划。但是，这个周末规划，缺少了各项活动的时间分配，影响了计划的可执行性。

除了对某个时间段内的学习内容做规划外，还可以按时间线规划学习。例如，一位学员以时间为序，以天为单位，对自己一周的学习活动进行了规划（图3-1-7）。每天除了上课以外，该学员对课后要做的预习、复习、准备参加资格考试、网上学习等活动的内容和学习时间，也做了明确计划，这使学习规划有很强的可操作性，每天他只需要对照这张计划表，按照具体的时间段逐项落实即可。

在制订学习规划时，既要全面，又要突出重点，还要标注时间（包括时间分配、倒计时等内容）。切记不要规划过多的内容。因为当计划经常无法完成时，个体会产生挫败感，从而影响整个计划的落实。

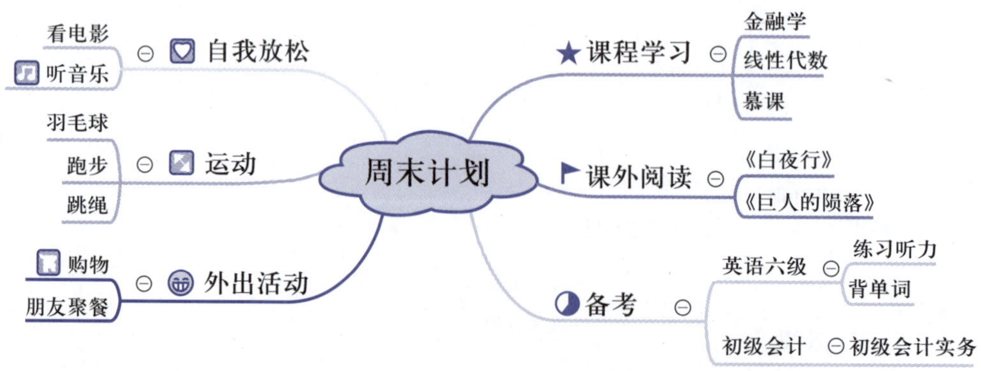

1　1>图3-1-6
“周末计划”思维导图

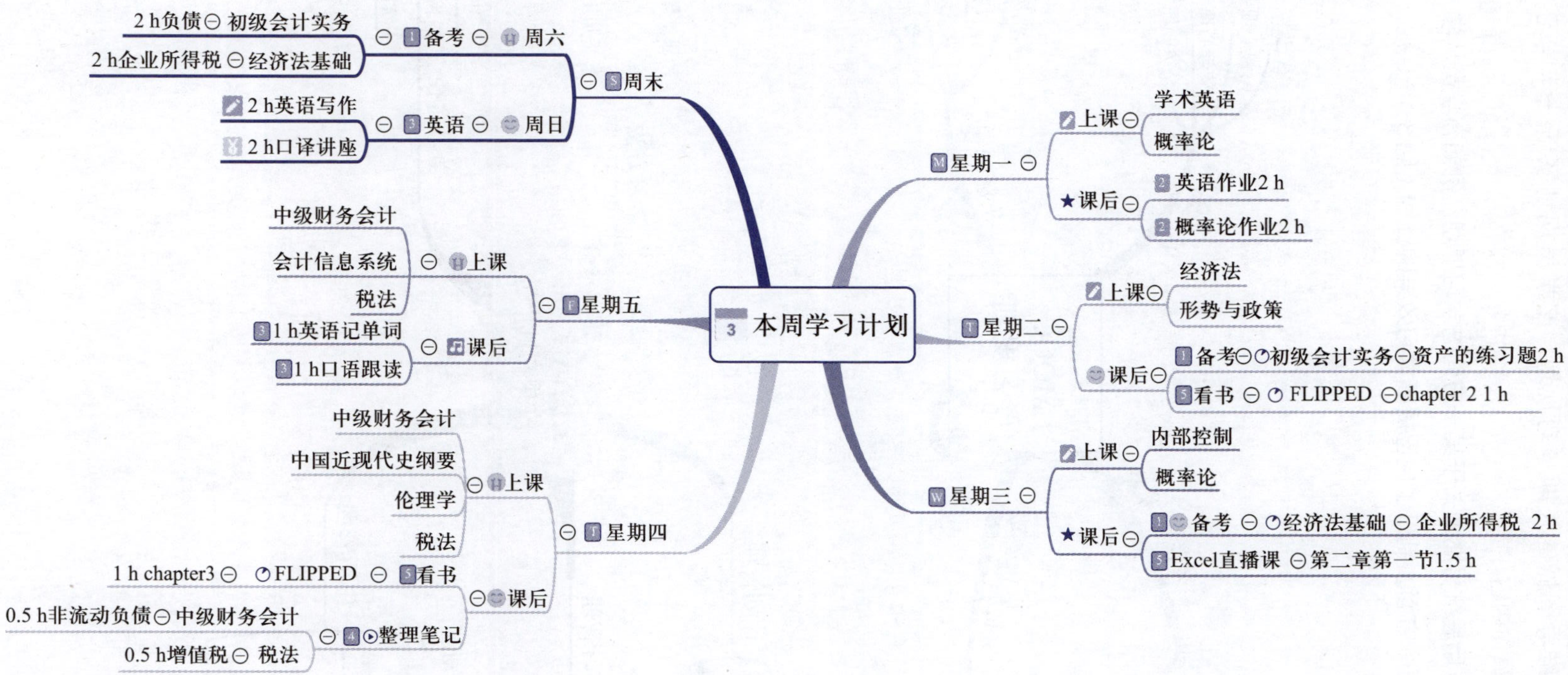

1 1>图3-1-7 “本周学习计划”思维导图

图3-1-8是用思维导图做的长期学习规划，该学员规划了新一年学习MOOC的四种方式及具体内容。

此外，我们也可以用思维导图做关于某一方面的学习规划，例如有学员从学习方法、学习途径等五个方面，制订了自己提高学习效果的计划（图3-1-9）。

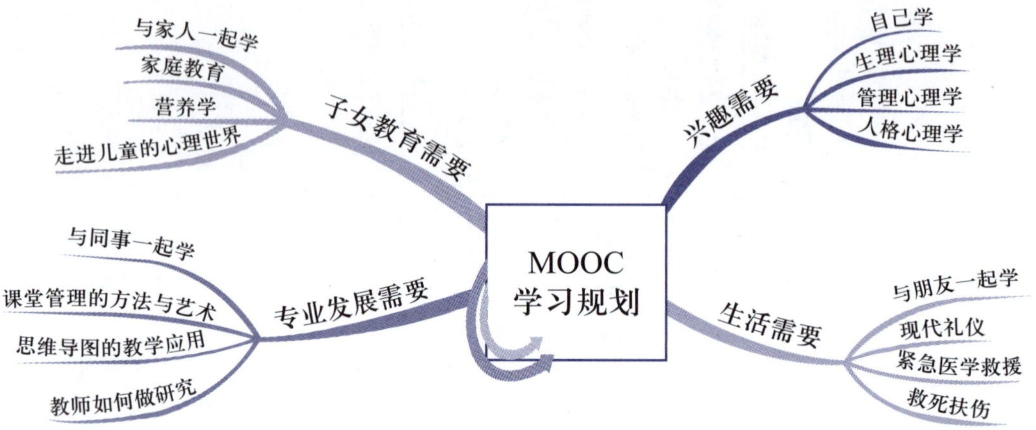

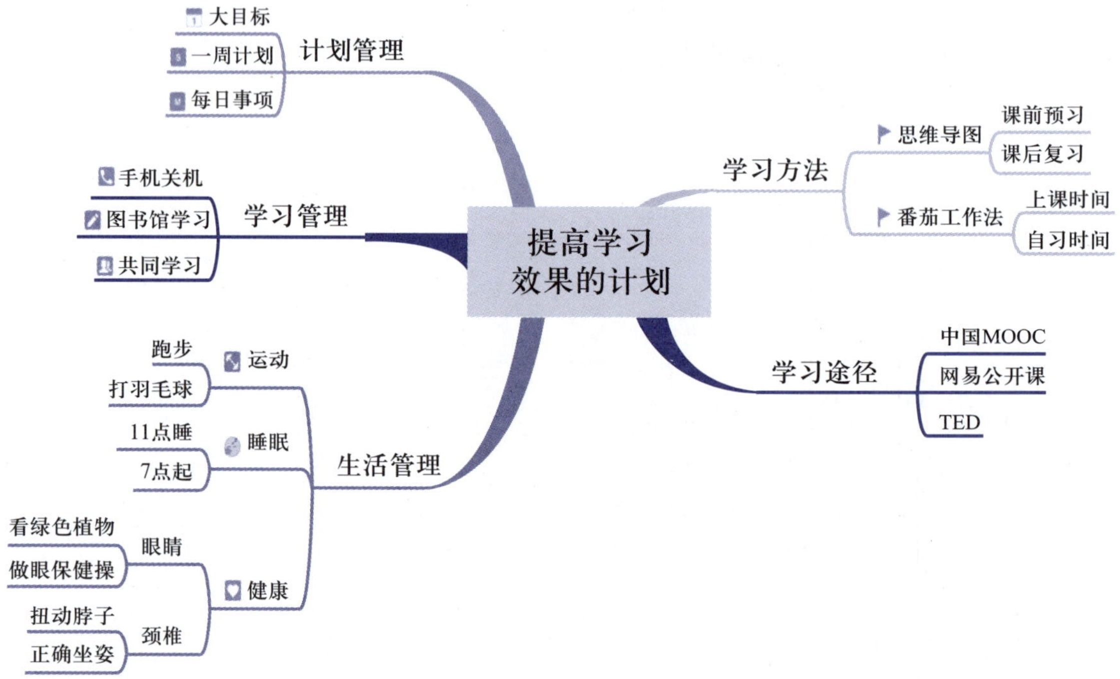

1>图3-1-8“MOOC学习规划”思维导图

2>图3-1-9“提高学习效果的计划”思维导图

第二节 思维导图在做笔记与汇报中的应用

随着新技术带来的交流时间和空间的不断拓展，人们需要记录和展示的信息量越来越大，思维导图自发明之初，就在提高笔记效率方面展现了独特魅力。

一、用思维导图做阅读笔记

阅读是人们认识世界、获取知识与经验的重要途径和学习方式。随着阅读方式的便捷化和多样化，现代人的阅读量日益增大，恰当运用思维导图能有效提升阅读效果。

在速读中，思维导图可以帮人们迅速抓住文章主要内容，并促进人们把握文章结构和深入理解要点。不同读者的生活经历不同，对同一篇文章主要内容的理解也会有差异。例如，在速读朱自清的《背影》这篇散文时，不同学员用思维导图呈现的阅读结果也不同，如图3-2-1、图3-2-2所示。

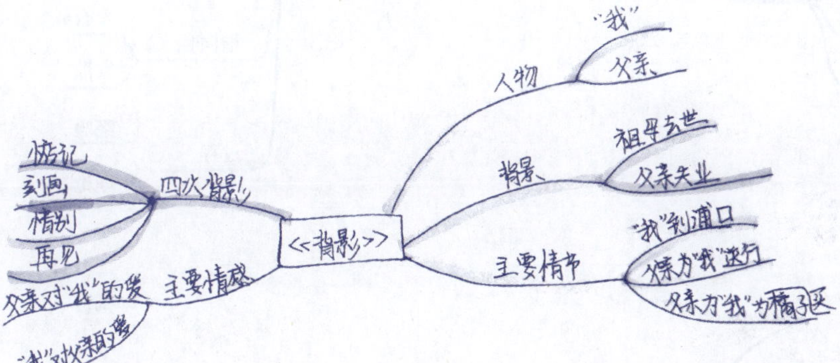

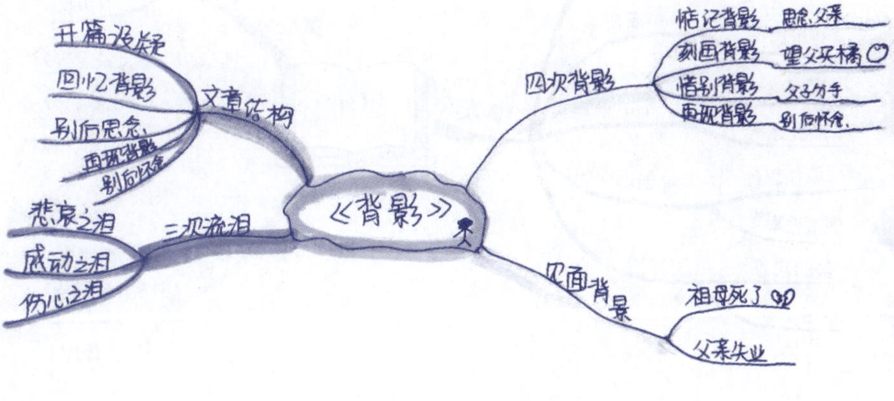

1>图3-2-1 速读《背影》的思维导图（课程学员梁小敏的作品）

2>图3-2-2 速读《背影》的思维导图（课程学员许茵锐的作品）

在精读中，思维导图可以帮助人们全面系统地分析文章各部分之间的关系，厘清文章的脉络结构，加深对文章整体及重难点的理解。例如，在阅读《思维》这篇文章中，不同读者对文章的概括与理解基本相同，但所呈现的内容各有不同，如图3-2-3至图3-2-6。

从《背影》和《思维》同主题的思维导图作品的比较中可见，由于人们的认知经验和思考角度不同，即使是同样的阅读材料，因为不同读者从材料中提取的信息不同，分析的视角不同，其呈现结果也不同。

1

2

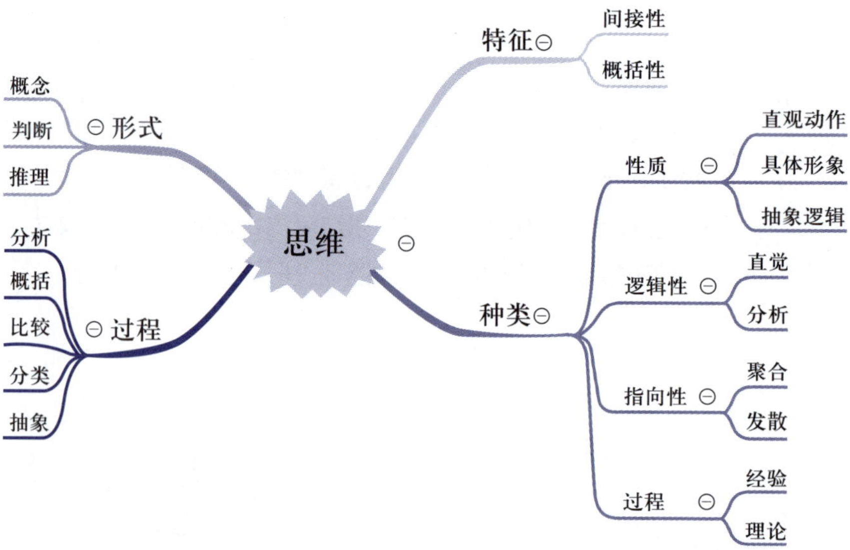

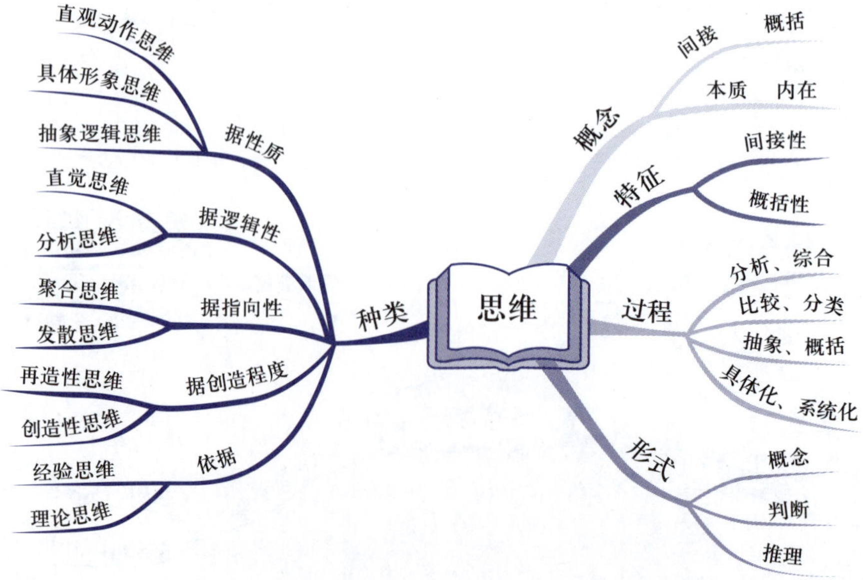

1>图3-2-3
精读《思维》的思维导图（作品1）
2>图3-2-4
精读《思维》的思维导图（作品2）

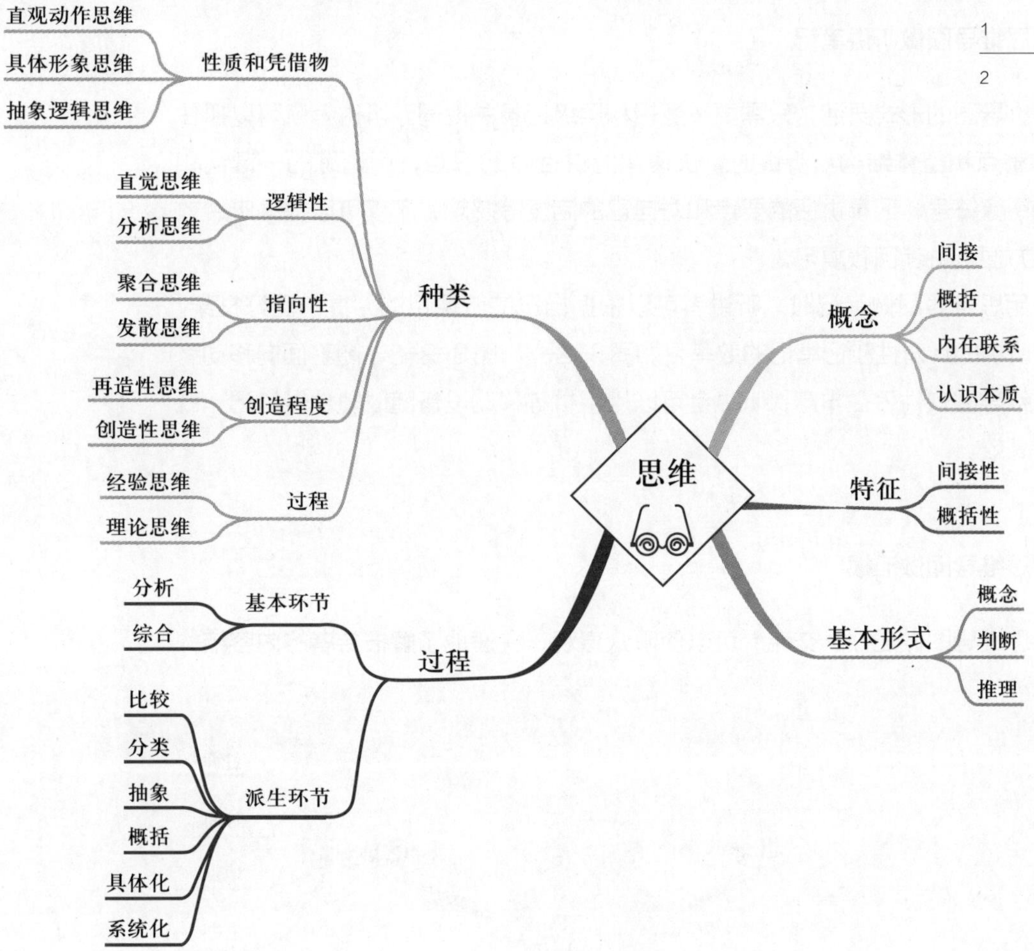

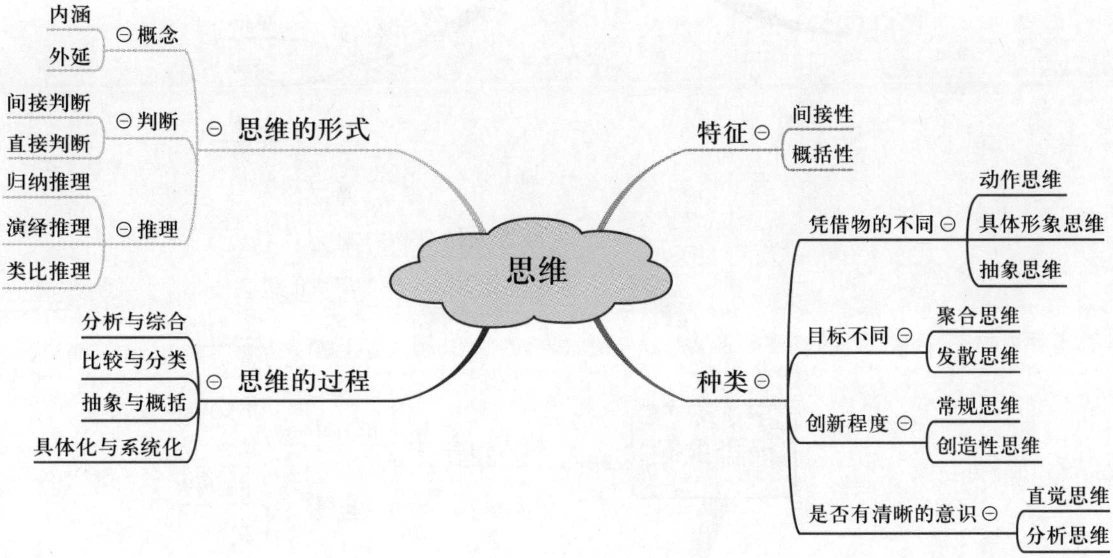

1>图3-2-5
精读《思维》的思维导图（作品3）
2>图3-2-6
精读《思维》的思维导图（作品4）

二、用思维导图做听讲笔记

思维导图的形式灵活，只需要按逻辑和层级记录关键词，听讲者就可以抓住演讲的重点和整体结构。听讲时，快速厘清讲话者的思路，用精练的关键词和生动的图像符号，记录讲授的要点和对自己的启发等感想，不仅可以提高听讲效果，还方便听讲者回顾复习。

在用思维导图做笔记时，听讲者可以根据自己的听课目的，提前画好框架，以提高听讲的针对性和记笔记的效率，如图3-2-7、图3-2-8。随着面向移动终端的思维导图软件日益丰富，听讲者可以用手机等移动设备随时随地做笔记，既便捷又高效。

三、用思维导图做汇报

用思维导图做汇报、交流，可以使听众直观、快速地了解报告者的内容结构

1

2

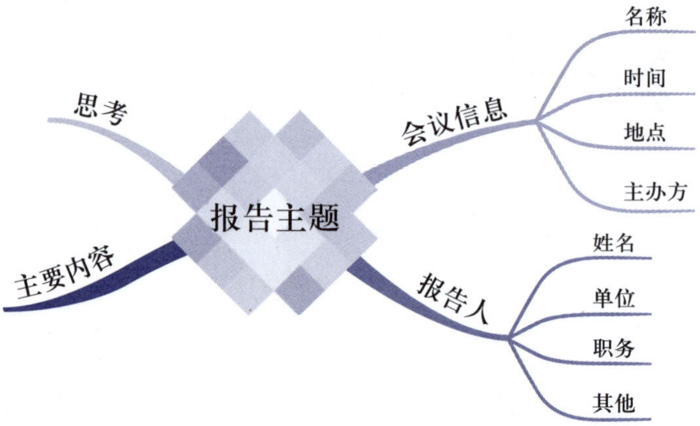

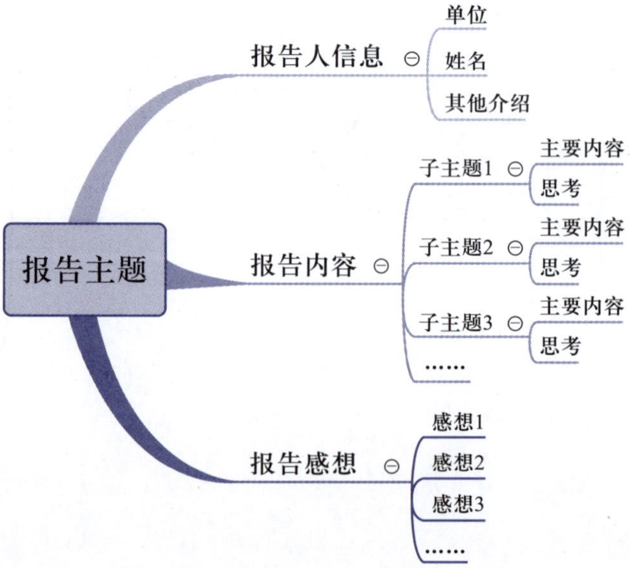

1>图3-2-7
笔记框架1：“报告主题”思维导图
2>图3-2-8
笔记框架2：“报告主题”思维导图

和主要内容，提高交流效果。逻辑清晰、图文并茂的思维导图能给听众留下深刻印象。为了使听众轻松了解汇报的思路和内容，在做主题汇报时，报告者应注意使用多张思维导图，或将一张内容较庞杂的思维导图的内容逐步展开，引导听众跟随报告者的讲述思路。以“人是如何学习的”课程团队交流课程运营经验为例。他们将多张思维导图与一张逐步展开的思维导图相结合，使汇报的内容更加清晰明了。

首先，他们用只有一级分支的思维导图汇报主要内容（图3-2-9）。接着，展开第一个一级分支的内容“选题策略”，随着讲解进程，再逐步展开“选题策略”的子分支（图3-2-10）。

整个汇报活动，他们用一张思维导图来呈现内容，以引导听众。为了将听众的注意力充分吸引到当前正在汇报的内容上，报告者可以将已经讲解完的分支折叠或隐藏起来。如图3-2-11所示，在讲“设计策略”时，报告者隐藏了“选题策略”的子分支。

汇报中的重点内容可以单独用一张思维导图呈现，例如“运营推广策略”这个部分就是单独展示的（图3-2-12），这样易于听众理解，印象深刻。

在所有内容逐步讲解完成以后，报告者可以再展开整个思维导图的各级子分支，对整个汇报进行小结，帮助听众整体了解和重温整个汇报的内容（图3-2-13）。

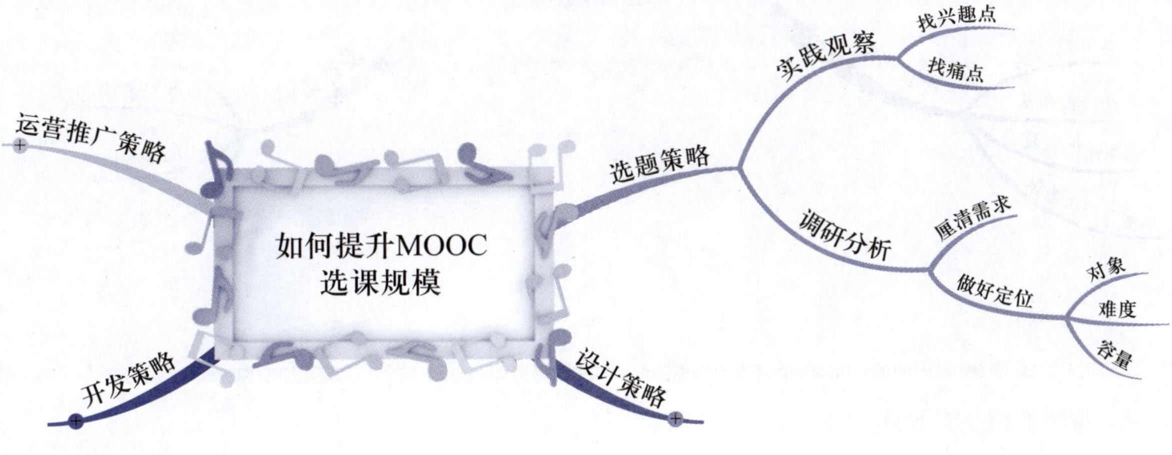

1>图3-2-9
呈现全部汇报提纲
2>图3-2-10
逐步呈现汇报内容1

1

2

3

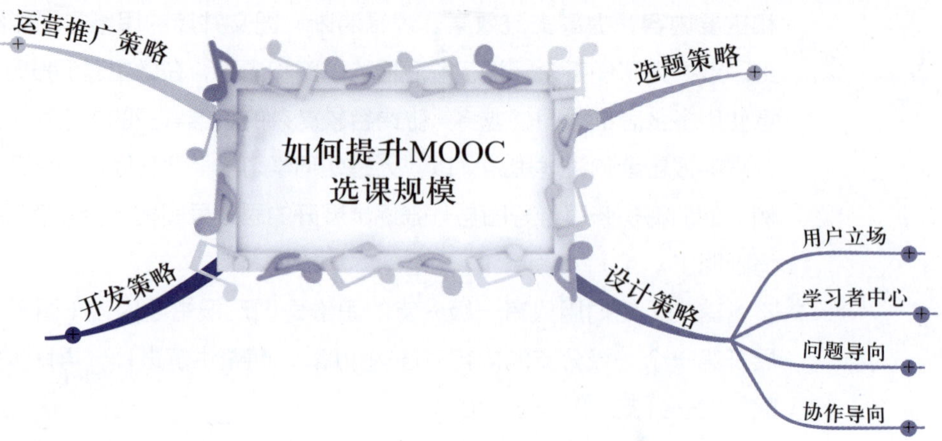

1>图3-2-11
逐步呈现汇报内容2
2>图3-2-12
呈现汇报的重点内容
3>图3-2-13
呈现全部汇报内容

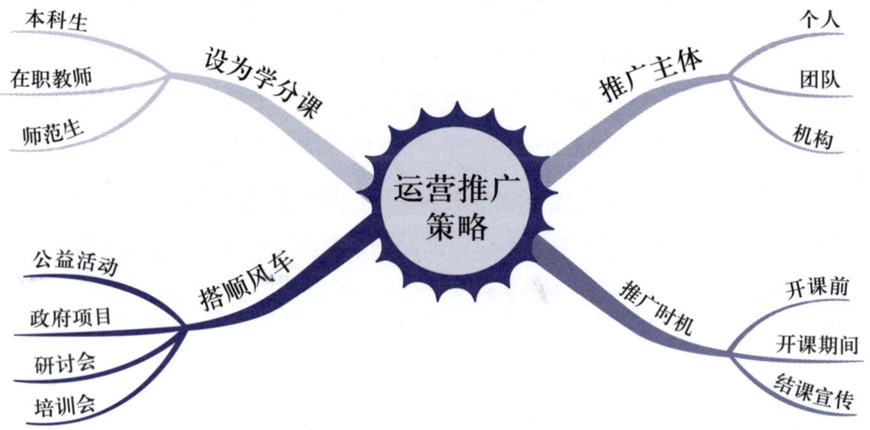

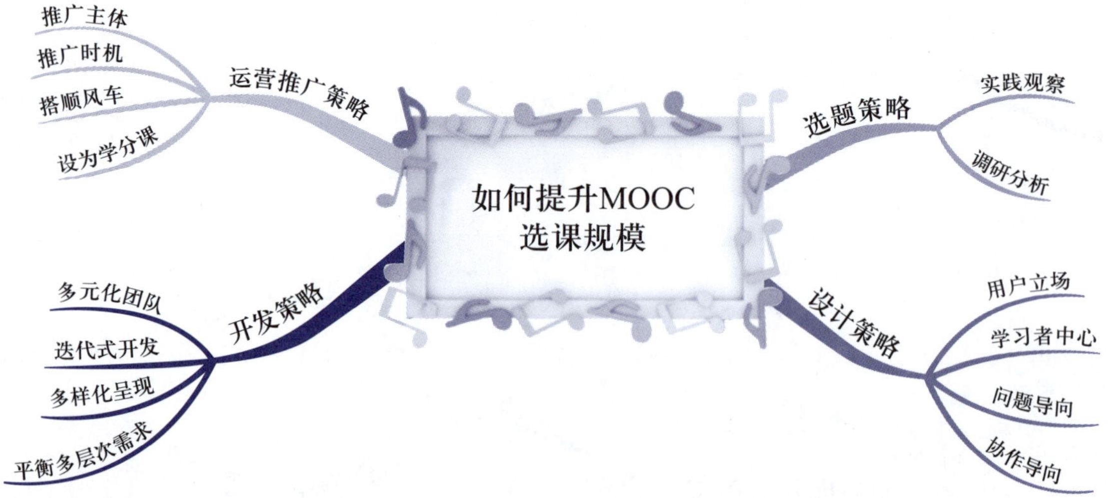

所以，用思维导图做汇报是个不错的选择，它能帮助报告者节约交流双方的时间，提高汇报交流效果。

第三节

思维导图在备考与解题中的应用

考试是常用的评价方式，考试结果是否理想，不仅取决于学习者平时的学习状况，还取决于学习者的备考策略和解题的技巧。以下我们将介绍思维导图在备考与解题中的应用。

一、思维导图在备考中的应用

用思维导图备考，可以使学习者快速自查学习目标是否实现，学习过程存在哪些问题、有哪些收获，还可以使学习者避免陷入细枝末节而忽略主要方面，以明确需要进一步努力的方向。

从内容角度看，用思维导图可以对一个知识点、一个章节、一个单元、一整门课程做总结；从时间角度看，思维导图可以对一次、一天、一周、一个月、一学期、一年，甚至多年的学习活动做总结。复习的目的不同，总结的侧重点也会有所差异。

在学习中，学习者可以根据自己的学习特点，建立学习总结的框架（图3-3-1），方便自己快速总结，也便于在不同学习活动中，灵活调整内容。

学习者用思维导图，可以快速对某个章节或主题的学习活动进行总结，建构自己的知识框架（图3-3-2），也可以对某次测验或考试等学习活动进行总结。通过总结，学习者能够分析学习方法的恰当性、学习过程的有效性与学习效果的满意度，从而改善和优化学习活动。

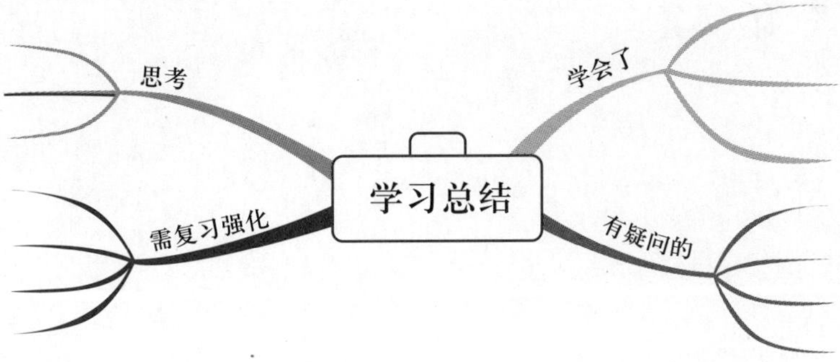

1

1>图3-3-1
总结框架：“学习总结”思维导图

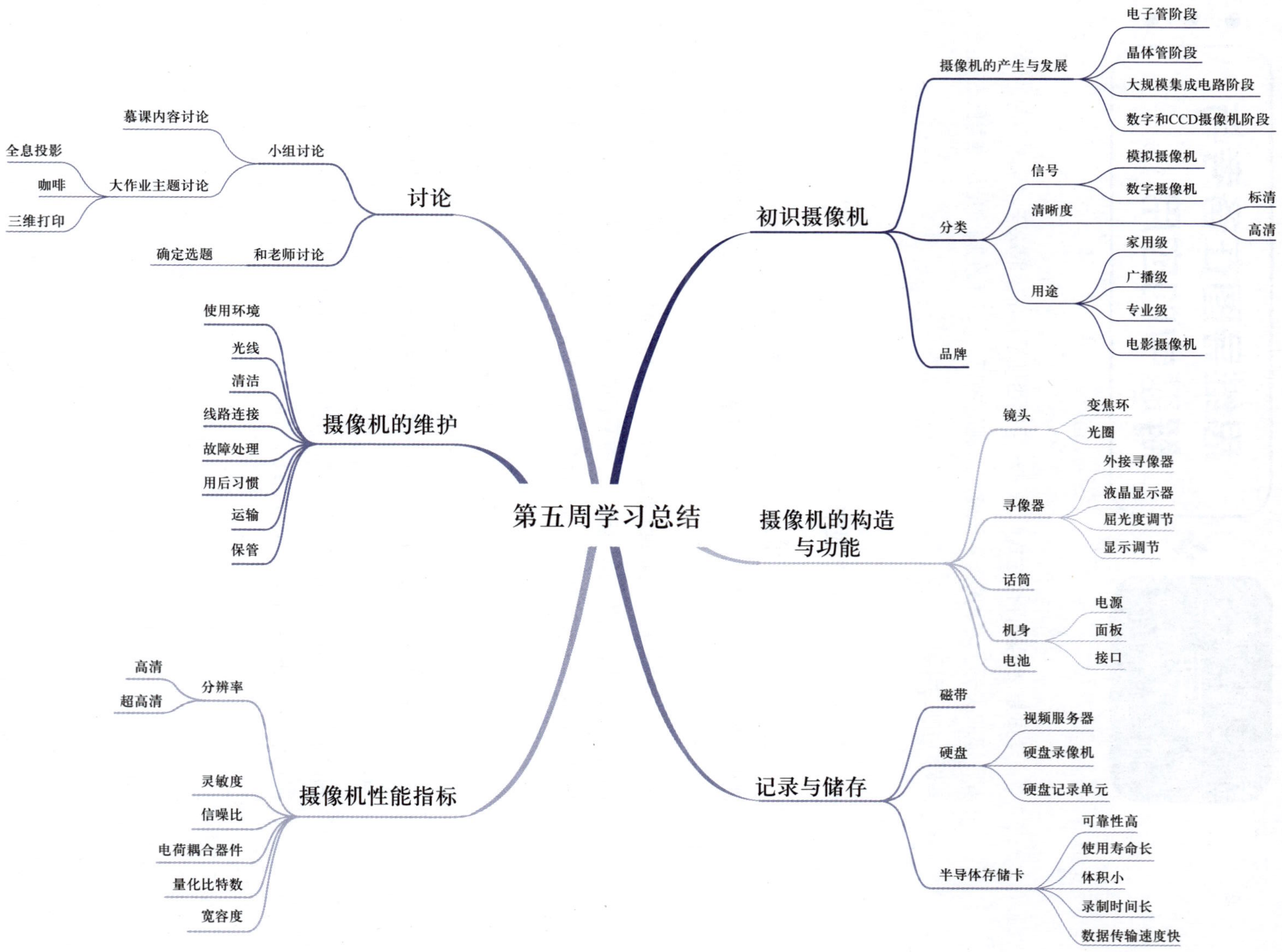

1 1>图3-3-2
单元学习总结：
“第五周学习总结”
思维导图

图3-3-3至图3-3-5是几位初中生对自己考试、学习方法的总结。

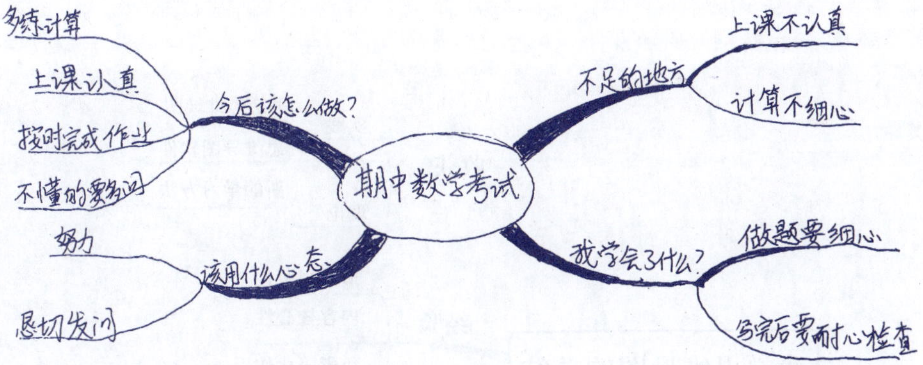

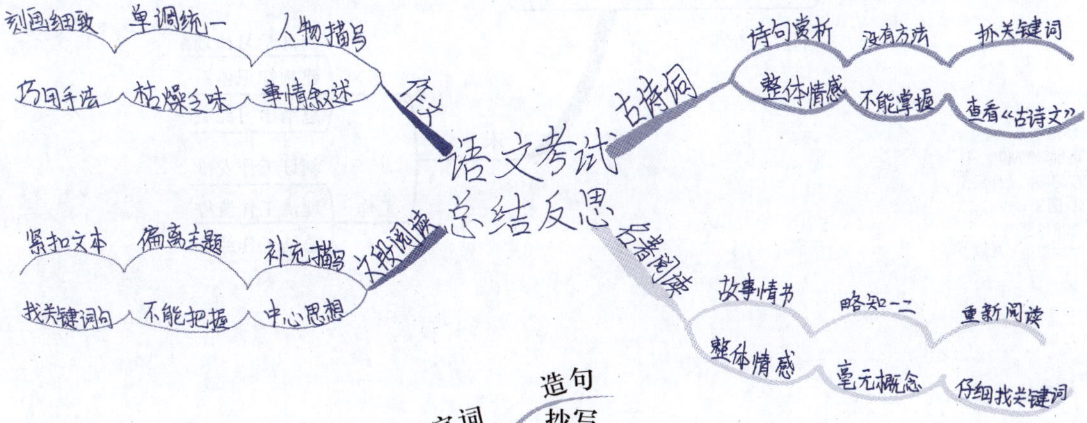

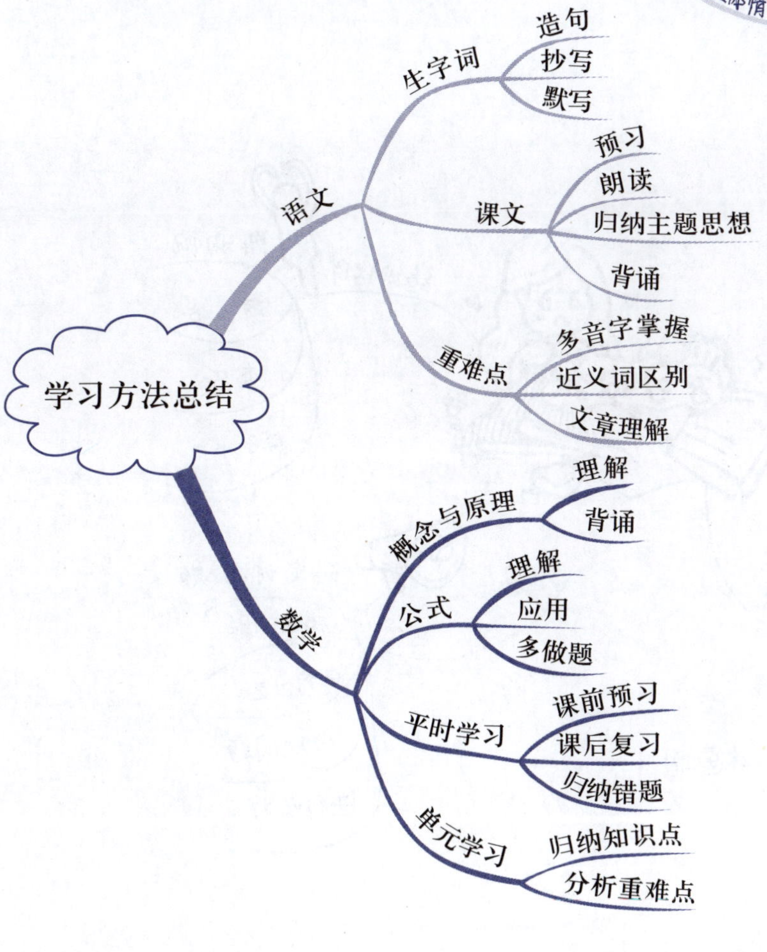

1

2

3

1>图3-3-3
对数学考试的总结
2>图3-3-4
对语文考试的总结
3>图3-3-5
对学习方法的总结

在学完一门课程后，及时进行总结整理，对建构知识体系和进行迁移应用具有重要价值。但每个人总结的视角不同，同样的课程学习总结，也会呈现出多样的结果，如图3-3-6至图3-3-9。

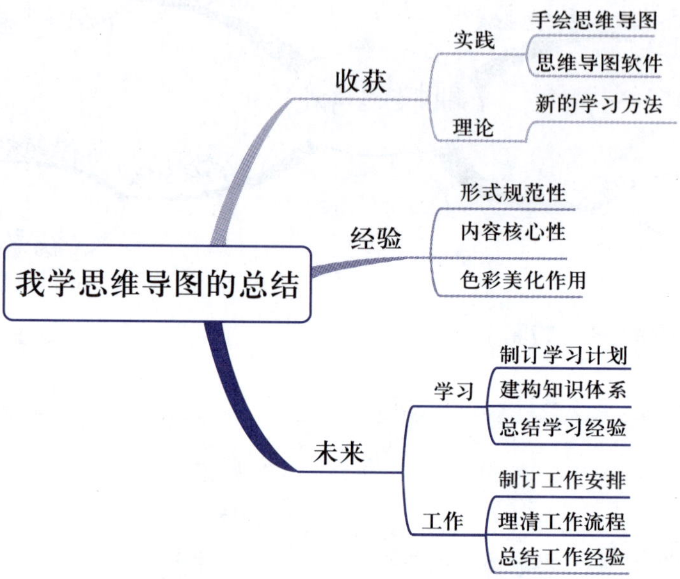

1>图3-3-6
思维导图课程
学习总结（作品1）
2>图3-3-7
思维导图课程
学习总结（作品2）

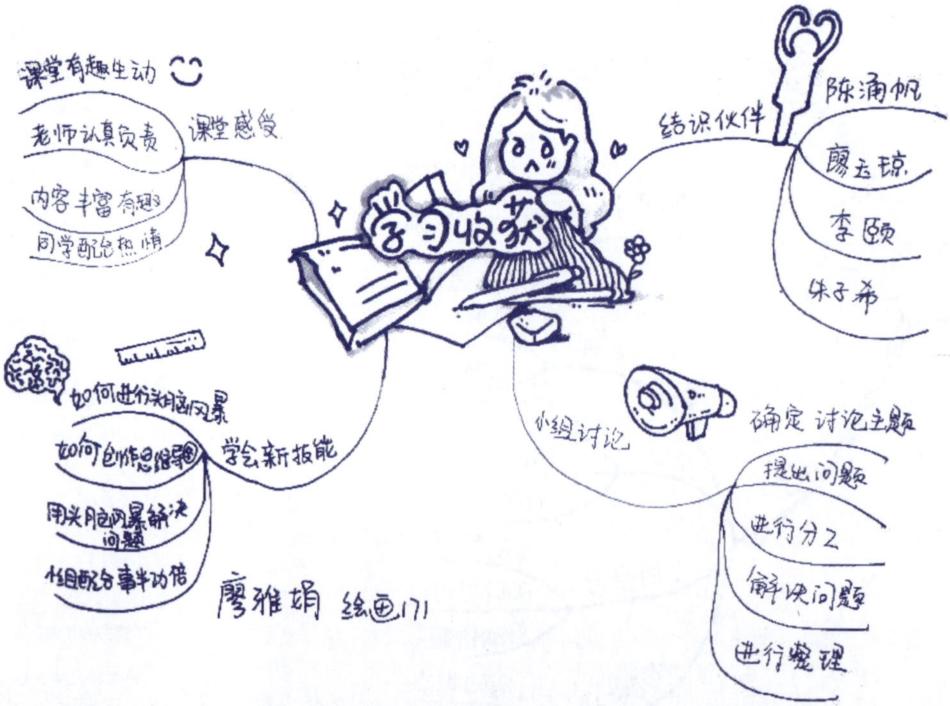

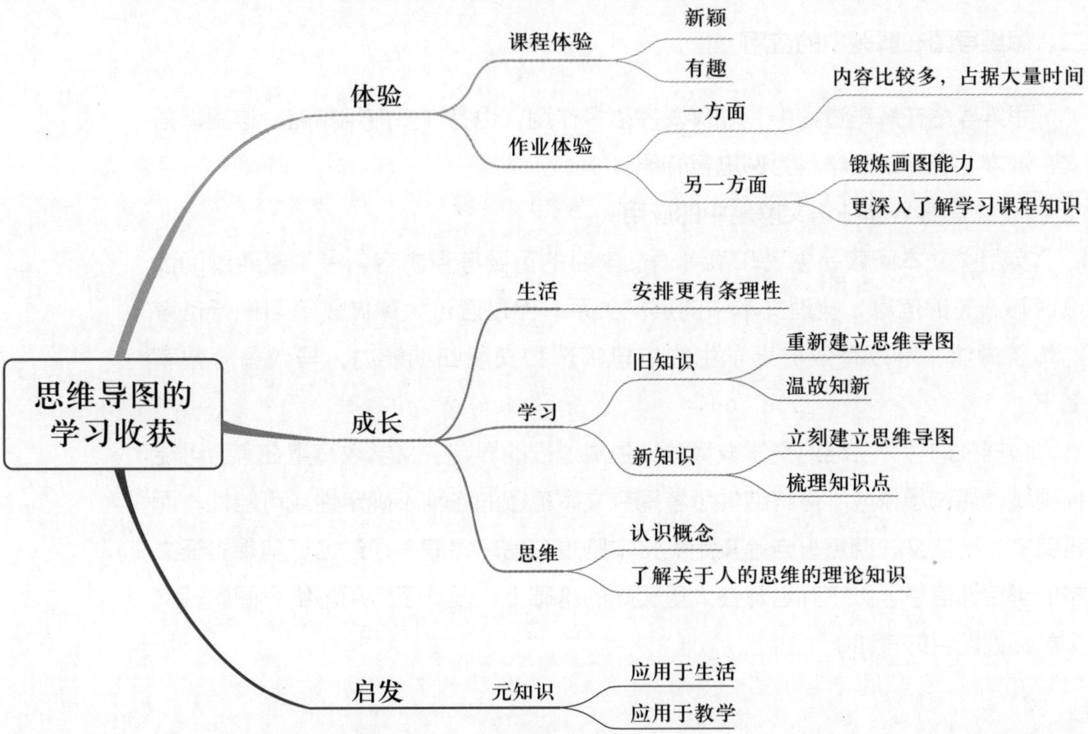

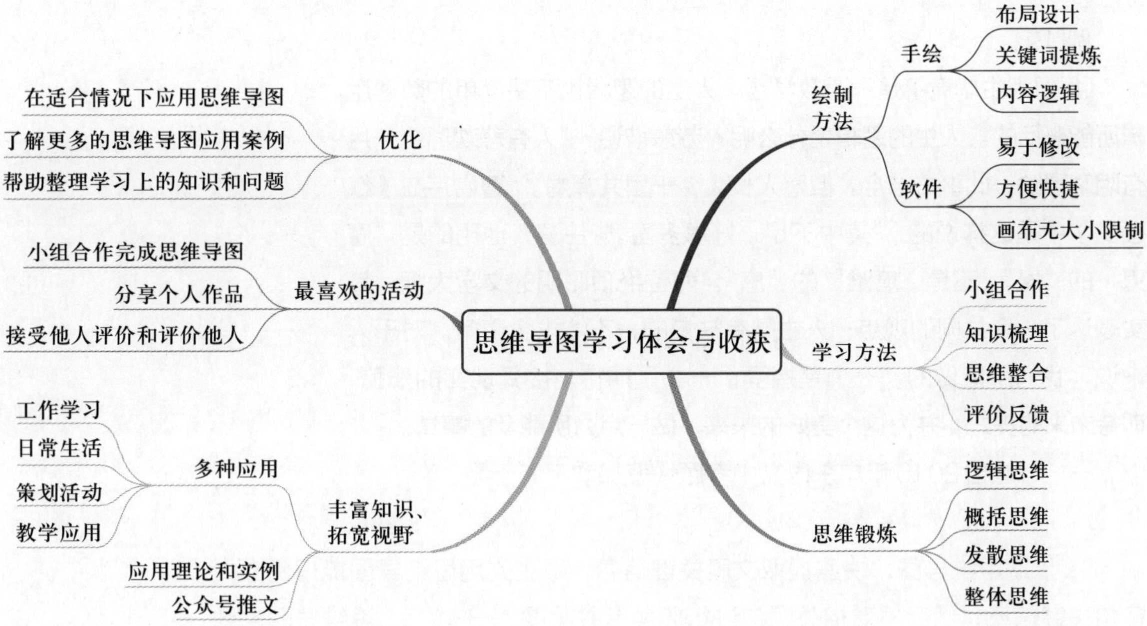

1

2

1>图3-3-8
思维导图课程
（作品3）
学习总结3
2>图3-3-9
思维导图课程
学习总结4
（作品4）

二、思维导图在解题中的应用

思维导图在解题过程中，能够发挥诸多作用，也有许多应用策略，这里以语文、数学、思想政治学科为例进行介绍。

（一）思维导图在语文解题中的应用

实用类文本阅读是中考和高考语文学科的重要考查内容。考生要通过阅读迅速筛选关键信息，梳理文本中的层次关系。但是通过大量做题练习进行备考的传统做法，难以有效提高学生的信息筛选和文段归纳能力，导致备考效率低下。

根据朱迪思·兰格对文学教育意义生成过程的界定，文学教育重在考查可能性视域，通过想象或不可终结性思考探究文本蕴藏的各种不确定性或可能性，而科普文、论述文、调查报告等实用类文本则重在信息提取，通过论证猜想验证文本的确定性信息。张东升老师在大量实践的基础上，设计了应用思维导图解答文本类阅读题目的策略。

案例：思维导图在中考语文解题中的应用

——以《悲加欢不等于零》为例

例题 1：

④ 但人生毕竟不是一道数学题，人生的逻辑也不是简单的数理逻辑所能概括的。人生的逻辑是什么呢？苏东坡说：“人有悲欢离合，月有阴晴圆缺，此事古难全。但愿人长久，千里共婵娟。”曹雪芹在《红楼梦》中是这样说的：“美中不足，好事多魔。”注意，他用的是“魔鬼”的“魔”，不是“磨难”的“磨”。两位绝顶聪明的文学大师，其实表达了一个共同的观点：人生是有缺憾的，不能求全责备。对于人来说，我们所能做的，一个是接受，一个是期待。接受现实的残酷，期待未来的美好，并为这个美好的未来，做一点力所能及的事情。

——节选自2016年广东语文中考题《悲加欢不等于零》

1. 借助思维导图，快速提取文段关键信息。考生先用思维导图梳理例文中各句关键信息，然后再对相关语句进行归类合并（图3-3-10）。思维导图起到了提纲挈领作用。

2. 归类、合并语句内容，并赋予类别合适的名称。考生通过梳理分支间关系，训练分类归纳能力。以思维导图（图3-3-11）为结构化支架，改变了对语句画线的传统做法，考生可以边阅读边利用思维导图的分支整合关键词句。简洁、明了的图式布局有利于考生对关键信息进行关系连接和结构化处理。

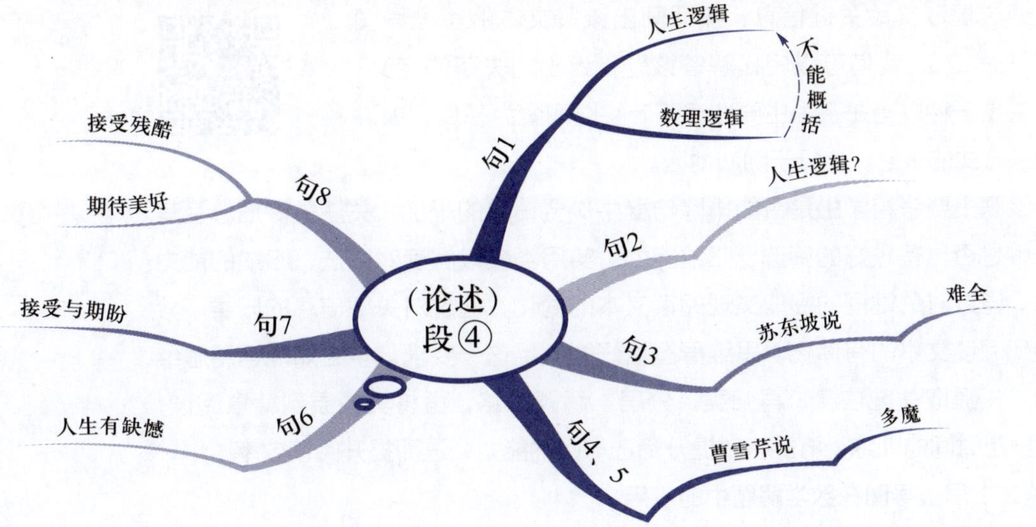

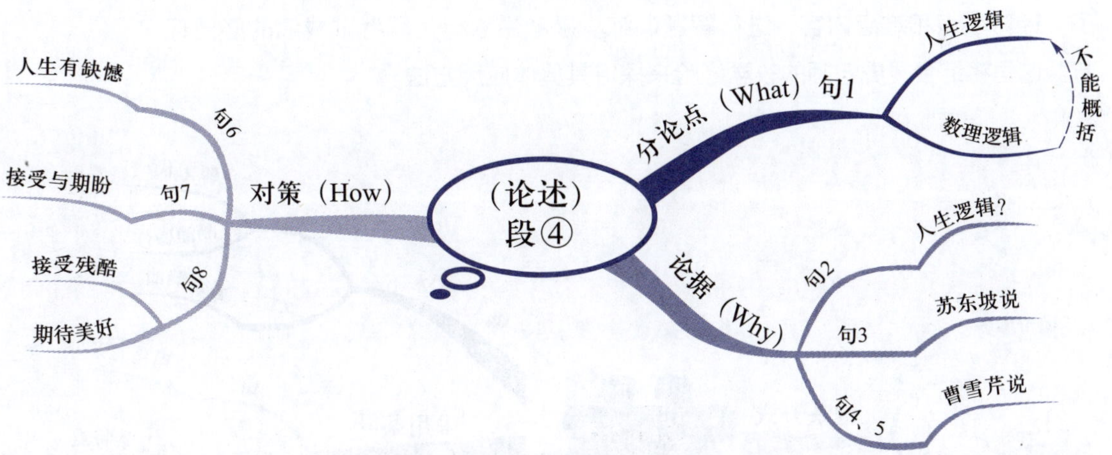

1>图3-3-10
段④思维导图
2>图3-3-11
段④结构化支架

例题2：

（高考模拟题）请从下面的材料中筛选信息，保留各方面主要内容，给“功夫茶”下个定义，不超过50字。

功夫茶起源于宋代，在广东潮汕一带最为盛行。品功夫茶是潮汕地区最盛行的风俗之一，可以说，有潮汕人的地方，便有功夫茶的影子。功夫茶采用的是乌龙茶叶，如铁观音、水仙和凤凰茶。乌龙茶介乎红、绿茶之间，为半发酵茶，只有这类茶才能冲出功夫茶所要求的色香味。功夫茶和其他茶的喝茶方法有别也在于茶具。功夫茶所用的工具基本上都是陶瓷。一套简单的茶具一般要包括一盖碗、三茶杯、一茶盘、一茶池、一壶、一锅、一炉。之所以叫功夫茶，是因为这种泡茶的方式极为讲究。它冲泡的步骤很容易学，但是易学难懂，说它是一门艺术并不为过。

通过提取文段关键信息，梳理画出该段文本的思维导图（图3-3-12），我们可以轻松解答该题，给出功夫茶的定义：功夫茶是一种以乌龙茶为主要冲泡茶叶，以陶瓷为茶具，极讲究泡茶方式的茶艺，盛行于潮汕地区。

思维导图在英语作文中的应用

该题主要考查学生是否能排除句群中次要信息的干扰，关注关键信息及其关系，是否具备较好的筛选、归纳能力。实用类文段阅读对筛选、归纳的能力要求，通过对关键词的提取实现阅读文本的简化，通过对关键信息的归类、分层实现阅读文本的有序化。思维导图恰好能满足这一要求。学生如能运用思维导图“先提取关键信息，再归类、分层”解题策略，再将其拓展到篇章阅读，经过一定时间的训练，将能有效提升筛选与归纳能力，进而提升阅读效率。

（二）思维导图在数学解题中的应用

在数学备考中，在完成了基础阶段的复习后，考生就要进入解题训练阶段了。针对重点和难点内容，进行解题训练，是考生取得优异考试成绩的必要环节。这里将结合灵虎老师的教学经验来探讨其具体应用方法。

1

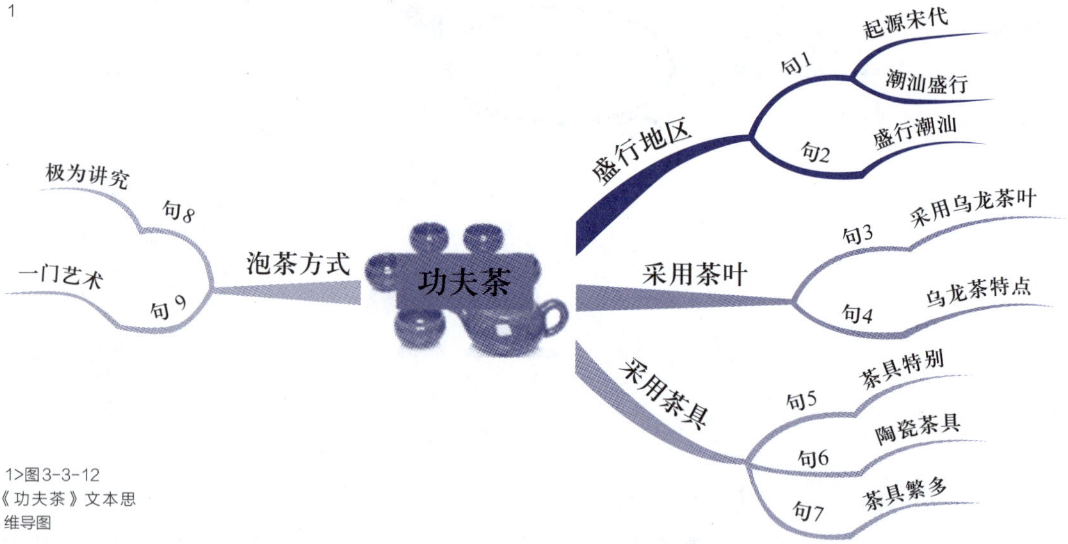

1>图3-3-12
《功夫茶》文本思维导图

案例：思维导图在高考数学解题中的应用
——以椭圆相关问题为例

> 科目：数学
> 教师：灵虎老师

椭圆轨迹问题是历年高考数学的考查点。为了帮助考生顺利应考，灵虎老师用思维导图归纳了该知识点的考查方法与解答方法（图3-3-13）。

思维导图在数学解题中的应用

题目　已知椭圆C：$x^2/a^2+y^2/b^2=1$（$a>b>0$）的离心率为$\sqrt{2}/2$，且椭圆过点P（2，$\sqrt{2}$）。求椭圆C的方程。

在解答上题时，灵虎老师指导学生用直接法来解答这个题目，先根据题目提供的信息，梳理出参变量之间的关系，列出关系式；再通过对关系式的换算列出方程；最后通过求解得出椭圆C的方程（图3-3-14）。

（三）思维导图在思想政治解题中的应用

高考是对学生高中三年学习结果的总结性评价活动，是影响个人发展的选拔性考试，因此，每一位高中学生、教师和家长都非常关注。有效应用思维导图能够在高考备考中达到事半功倍的效果。在考试过程中，学生应用思维导图分析解题，也能在抓准命题意图的基础上，快速解题。

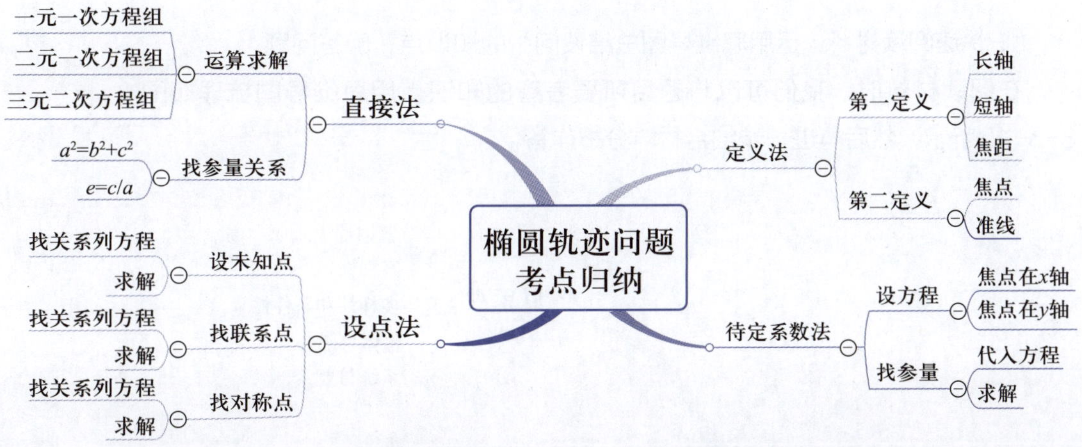

1
2

1>图3-3-13
“椭圆轨迹问题考点归纳”思维导图
2>图3-3-14
“直接法”思维导图

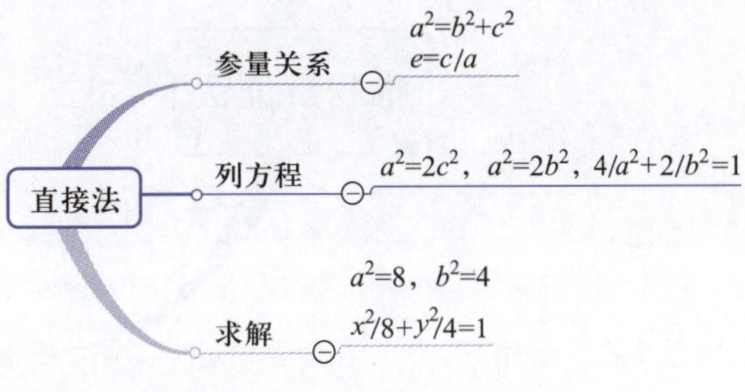

案例：思维导图在高考政治解题中的应用
——以2017年思想政治材料分析题为例

> 科目：思想政治

> 考生：杜文棐

材料分析题在高考思想政治中所占比分大，在考查考生知识掌握情况的基础上，重点考查考生运用知识解决问题的能力和分析判断能力。在考试中，考生边快速阅读材料，边用思维导图总结回忆知识；接着，考生用思维导图，发散、拓展已有知识，分析、提炼观点。

题目：目前，低碳时代已经到来。为发展低碳经济，我国提出以下举措：提高能源利用效率，大力发展可再生能源；制定国家低碳经济发展战略，先试点示范，后总结推广；增强自主创新能力，开发低碳技术、低碳产品；积极运用政策手段，推进低碳制度创新与法律体系建设。同时，通过广泛的宣传动员，进一步倡导企业和公民开展绿色生产、绿色经营、绿色消费，实践低碳生活方式。（注：低碳经济——一个新的经济、技术和社会体系，与传统经济体系相比在生产和消费中能够节省能源，减少温室气体排放，同时还能保持经济和社会发展的势头。）

运用唯物辩证法知识，说明中国发展低碳经济的做法体现的哲学道理。（16分）

1. 快速阅读材料，运用思维导图总结设问中的知识点，回答问题

在阅读材料时，我们可以将题目所要考查的知识点用思维导图梳理如图3-3-15所示，然后再进一步结合材料分析作答。

1

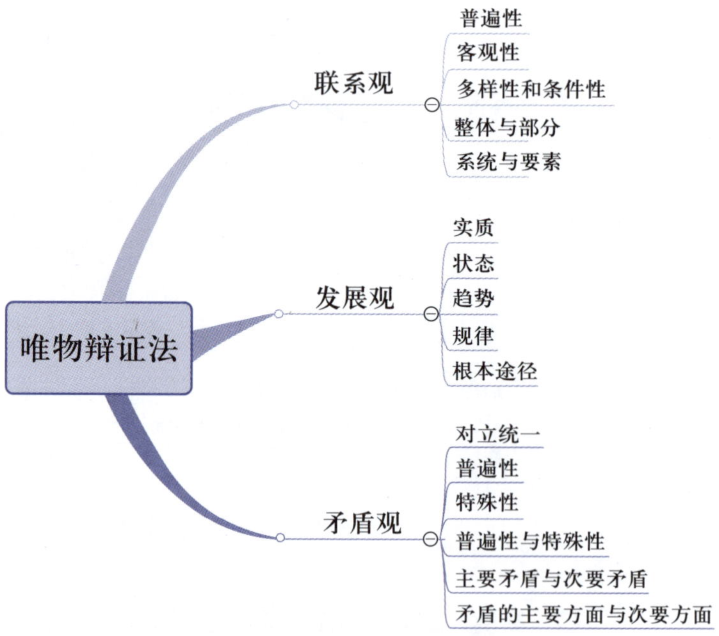

1>图3-3-15
“唯物辩证法”思维导图

2. 快速阅读材料，运用思维导图总结材料中关键词所包含的知识点

在阅读材料的过程中，我们既可以根据材料，用思维导图快速梳理出与命题意图相关的知识点，也可以运用思维导图总结材料中关键词所包含的知识点。例如，通过阅读材料内容，我们可以提炼出发展、低碳经济、试点、关键、创新、

广泛这六个关键词作为思维导图（图3-3-16）的一级分支，沿着这些关键词找到答题所需要的知识点；最后，根据这些知识点梳理、拓展出问题的答案。

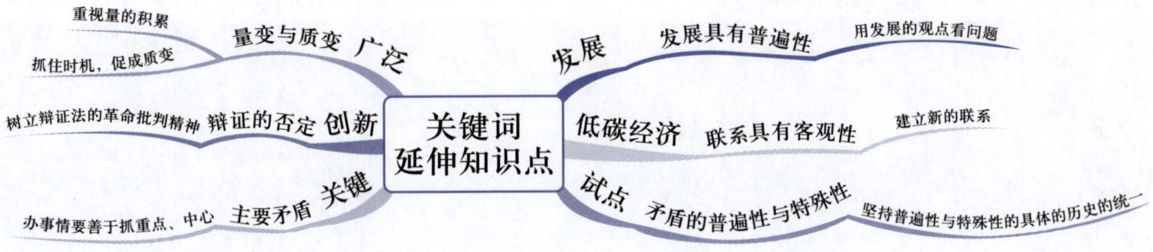

1

1>图3-3-16
“关键词延伸知识点”思维导图

MOOC
学员有话说

SCNU-2018073庄家正:

高中时，老师让我们画思维导图，刚开始我认为这很浪费时间。直到在一次考试时，我发现自己能回忆起来的知识点，大多都来自那张随手画的思维导图。我这才发现思维导图真的可以提升思维能力，帮助记忆。

广州卢俊聪:

思维导图在学习中功能强大：（1）预习时，可以用思维导图整理知识，清晰地展现新旧知识间的关系；（2）在课堂学习中，用思维导图记笔记节约了时间，我可以有更多时间参与教学活动中；（3）复习时，画思维导图有助于我融会贯通，复习也变得简单有趣；（4）阅读前，用思维导图的方式勾画出阅读的计划和目的等，会使阅读更高效；阅读后，再用思维导图梳理阅读的内容，使思维可视化和条理化，一些好创意可能就油然而生了。

SCNU-2018242朱芷君:

我应用思维导图的学习方法：（1）课前，将预习内容整理成大分支，整理思维。（2）课中，听老师讲课，完善预习所画的思维导图，解决预习中的疑惑，纠正错误，形成更详细的思维导图。（3）课后，进一步复习，简化思维导图，将思路更清晰化，突出重点。

琚玉霞:

一次期末考试前，我带着学生用思维导图把整本历史书的内容在黑板上串讲了一遍，分为时间、事件、人物、意义等；又让学生借助思维导图互相交流了一遍，进行巩固复习。可能是那张思维导图深深地印在了学生的脑海中，那次同学们的成绩大幅提高。

jewellery714：

我在阅读中这样应用思维导图：（1）根据具体情况决定是先阅读整本书还是某个章节；（2）利用思维导图构建整本书的框架或章节内容的框架；（3）将内容和论证放入相应分支中；（4）细化每个分支的逻辑性和语言；（5）处理“杂项”中的内容；（6）重新审视和整理思维导图。

第四章

思维导图在生活中的应用

○ 学习提示

可能你在生活中并不经常使用思维导图，本章将带你感受思维导图给生活带来的便利。在学习本章前，我们有如下学习提示。

提示1：了解思维导图应用于生活的多种场景，拓展思维导图的使用范围。

提示2：积极将本章所学应用于日常生活中，相信思维导图将有助于你提高办事效率。

思维导图在生活中的应用

第一节

思维导图在社交中的应用

在信息交流中的应用
在情感交流中的应用

第二节

思维导图在生活管理中的应用

在目标管理中的应用
在过程管理中的应用
在问题解决中的应用

第一节

思维导图在社交中的应用

恩格斯认为，人是一切动物中最社会化的动物。生活于社会中的人，必须通过社交才能实现个人在社会中的生存与发展。有效的社交，能让人们增进了解，建立感情，愉快地生活。在生活节奏越来越快的现代社会，人们日益重视社交的效率。思维导图以简洁、明快的方式，快速、生动地传递信息，帮助人们表达想法，交流情感，有效提高社交质量和效率。社会学心理学认为，社交是分级递进的过程，包括信息交流、情感交流和交互作用三个阶段，其中，前两者是基础。因此，我们重点探讨思维导图在信息交流和情感交流中的应用。

一、在信息交流中的应用

在日常生活中，人们需要通过有效的信息交流与沟通，加深对人或事物的了解。在正式或非正式的人际交流中，有人由于紧张、怯场，会出现说话遗漏重点、缺乏条理甚至忘词的情况，不仅自己尴尬，听众也不知所云。恰当应用思维导图，可以显著提高交流质量与效率。

（一）用思维导图介绍人物情况

人际交往一定会涉及情况介绍，一张内容丰富的思维导图，可以避免人们初次认识时呆板的自我介绍，交往者通过思维导图可以快速获取感兴趣的信息。后文案例中的作品，可以使人们很快获得有关人物的基本情况，并了解其关注的问题。

我们在用思维导图介绍个人情况时，可以根据交流场景、对象、目的和内容，确定思维导图的内容与呈现形式，以提高交流的针对性与效率。

（二）思维导图在信息交流活动中的应用

社交是交往者以信息交流为中心的交互作用。从传播学的角度看，交往者在不同程度上扮演着信息传播者与接受者的双重角色，信息的顺畅传播，是交往者通过信息沟通建立某种关系或获得某种实际效益的基础。在信息交流活动中，恰当地使用思维导图，可以促进信息传播，提高信息交流效果。下面，我们通过个人、家庭、社区等不同生活领域的信息交流实例，了解思维导图在信息交流活动中的应用。

案例：思维导图在信息交流中的应用

交往的对象、目的、场合不同，个人介绍的内容也各不相同。图4-1-1的重点是介绍个人学习的问题与经验，适用于学校场景。图4-1-2和图4-1-3是个人情况的整体介绍，适用于初次见面的场景。图4-1-4适用于介绍新同伴。

与前4张作品不同，图4-1-5是以医护人员为交流对象，对病人情况的介绍。在病人不能自己交流的情况下，一张思维导图，方便医护人员快速了解病人的情况，有针对性地进行治疗和护理。

1

2

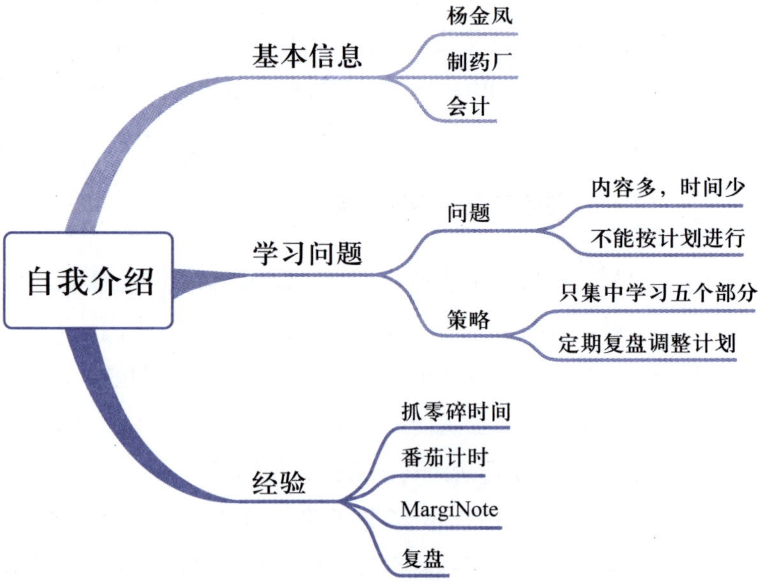

1>图4-1-1 “自我介绍”思维导图

2>图4-1-2 “独一无二的我”思维导图

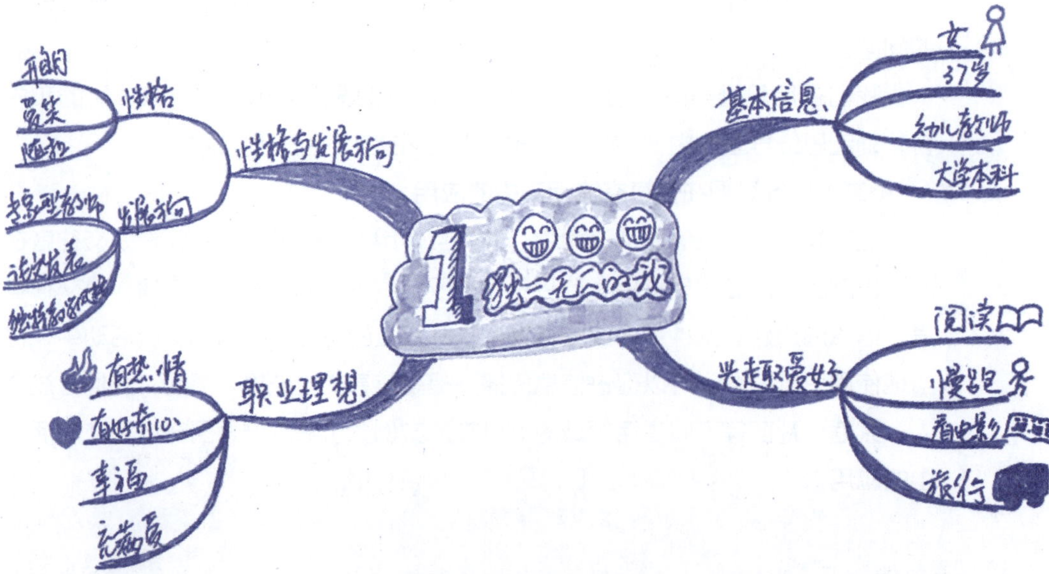

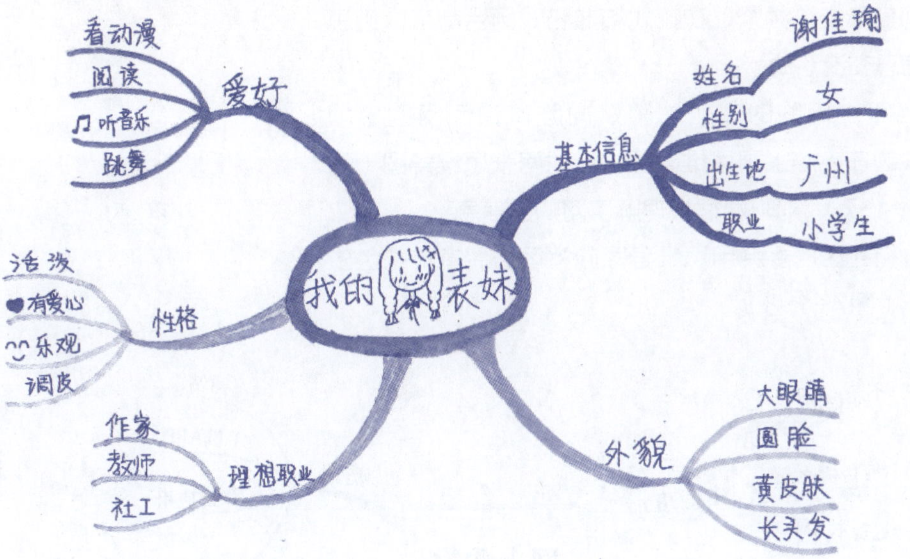

1>图4-1-3 “我的表妹”思维导图

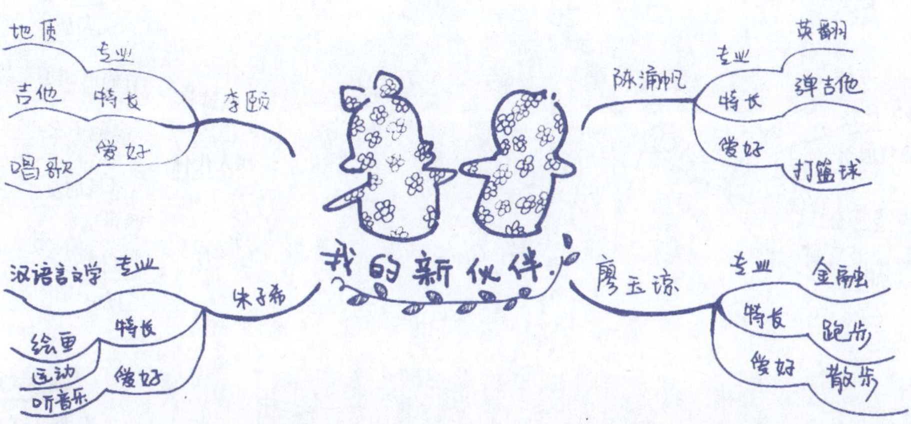

2>图4-1-4 “我的新伙伴”思维导图

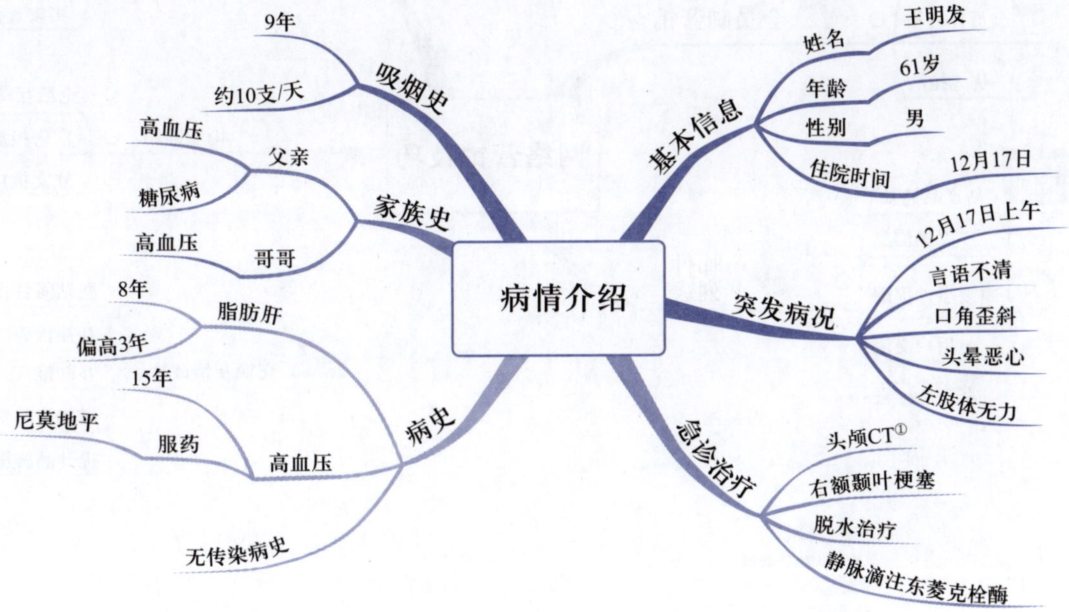

3>图4-1-5 “病情介绍”思维导图

① CT：计算机断层扫描术。

个体之间信息交流频繁，在正式和非正式场合都可以用思维导图开展信息交流活动。

例如，当不会网购的邻居刘阿姨向陈玲询问网购事项时，陈玲边说边在电脑上画思维导图。借助两张思维导图（图4-1-6、图4-1-7），刘阿姨很快理解了网购的信息。

再如，竹苑社区居委会用思维导图向社区居民宣传绿色生活理念和措施（图4-1-8）。

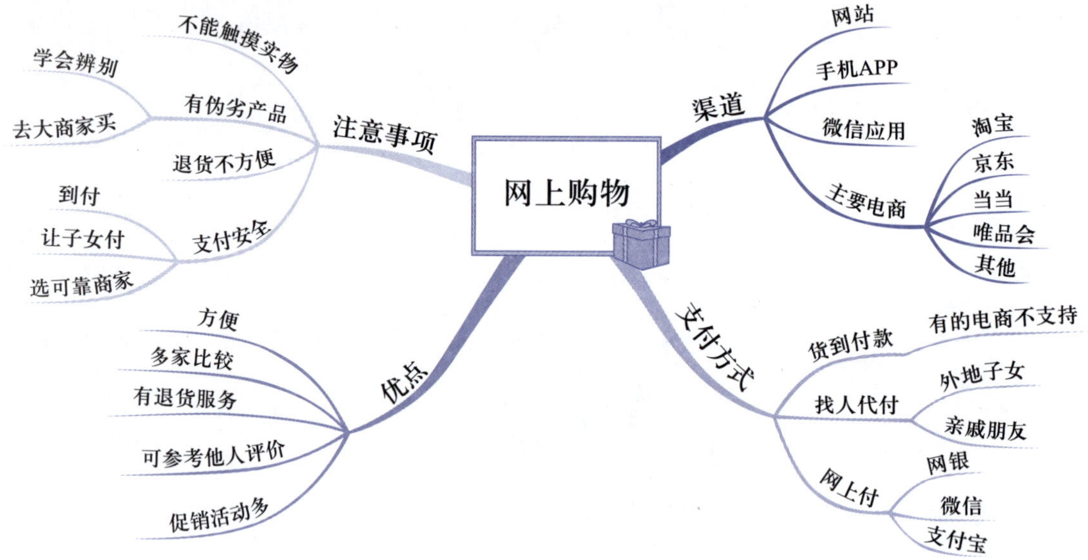

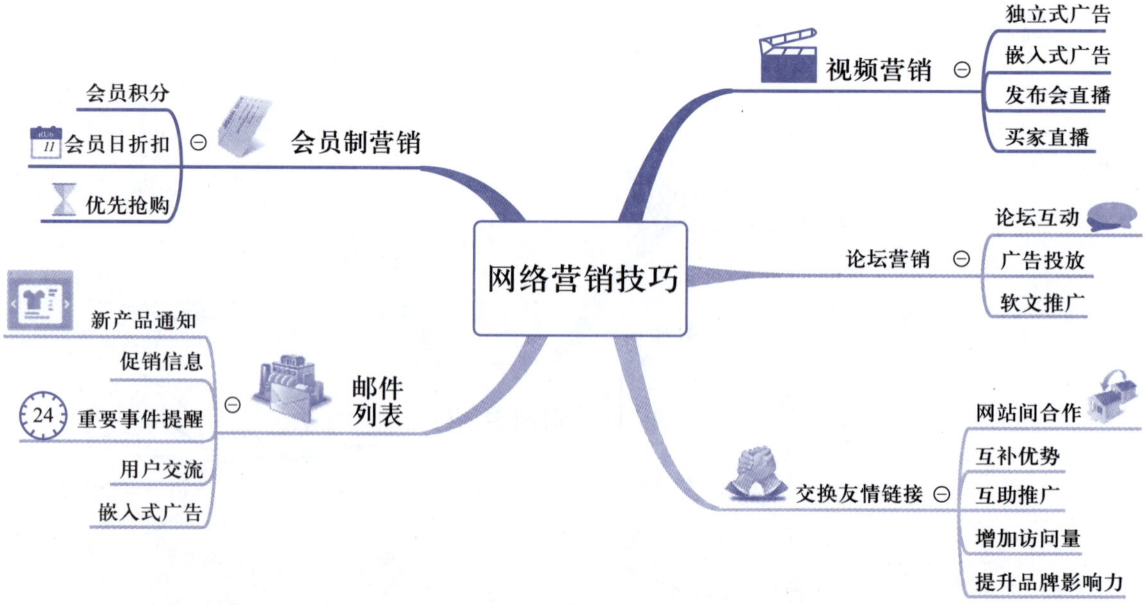

1>图4-1-6 “网上购物”思维导图

2>图4-1-7 “网络营销技巧”思维导图

二、在情感交流中的应用

人类通过情感来感受和识别价值，通过情感交流来表达价值，及时有效的情感交流，可以使人们建立和发展良好的社会关系。

节日是人们情感交流的重要时机，灵活运用思维导图，可以更好地表达情感交流的内容，增进理解，加深感情。例如，吴霞用思维导图给自己的研究生同学送上了新年祝愿（图4-1-9）。还有一位学员在父亲节用图4-1-10非常生动地传递了对父亲的深深感激和美好祝福。除了祝福类的情感交流，日常生活中存在的冲突和矛盾，更需要通过情感交流去协调和解决。例如，有学员用图4-1-11向朋友道歉。

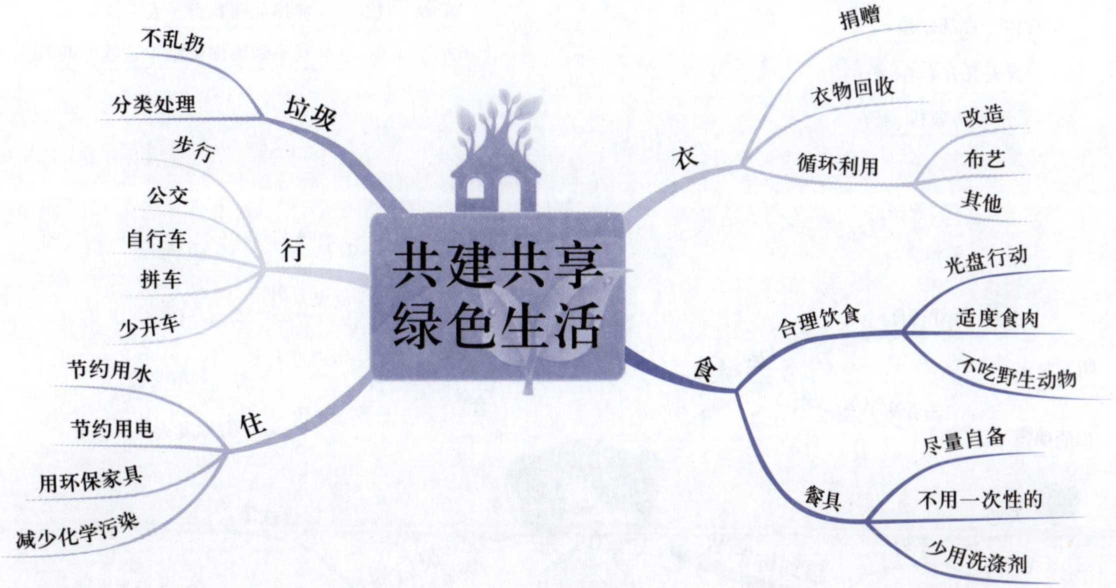

1
2

1>图4-1-8
“共建共享绿色生活”思维导图
2>图4-1-9
表达祝福的思维导图作品

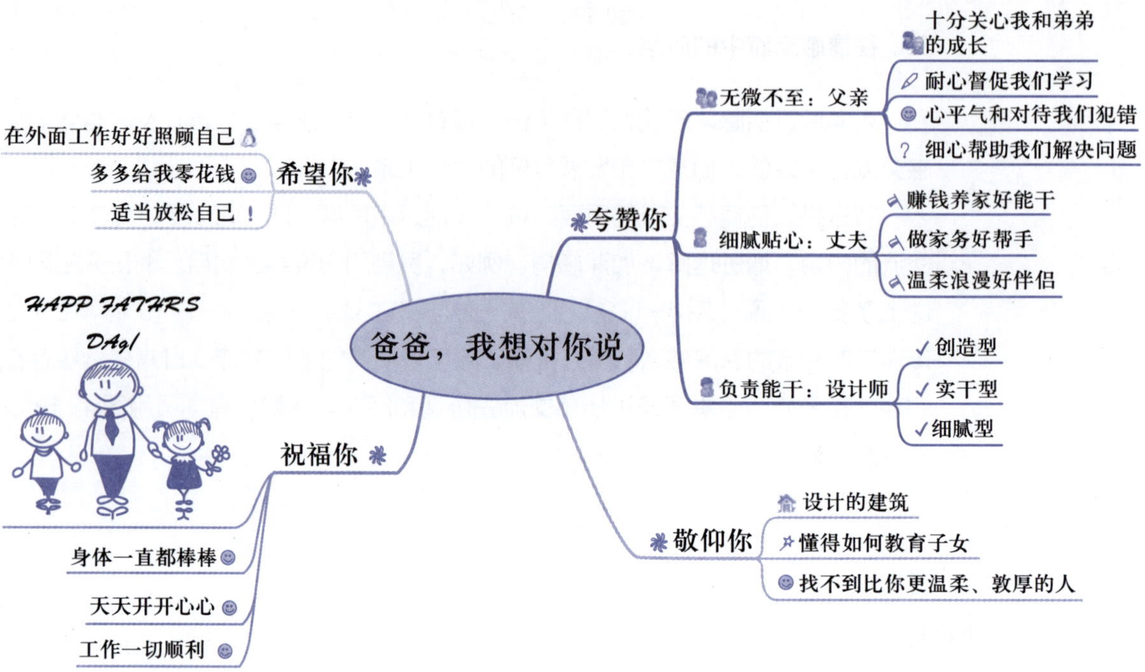

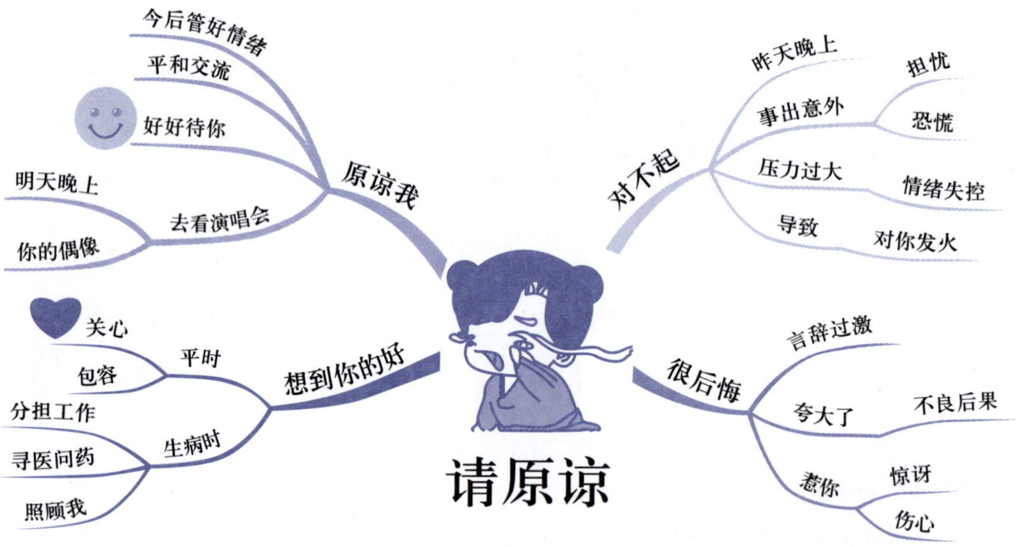

1

2

1>图4-1-10
“爸爸，我想对你说”
思维导图
2>图4-1-11
“请原谅”思维导图

亲子交流是重要的社交形式，对孩子健全人格的培养和心理发展，具有重要的意义。玲玲家的亲子关系曾经一度紧张，当父亲发现玲玲出现消极情绪的频率不断增加后，便找专业人士进行了咨询。他发现孩子的消极情绪主要源于焦虑型亲子关系（图4-1-12）。意识到问题后，玲玲的父母做了许多改善亲子关系的努力。父母和玲玲一起敞开心扉，配合使用图4-1-13与图4-1-14，有效改善了焦虑型亲子关系。

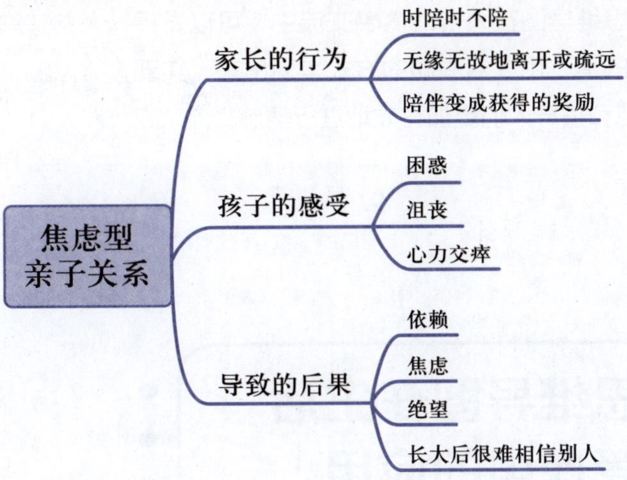

1

2

3

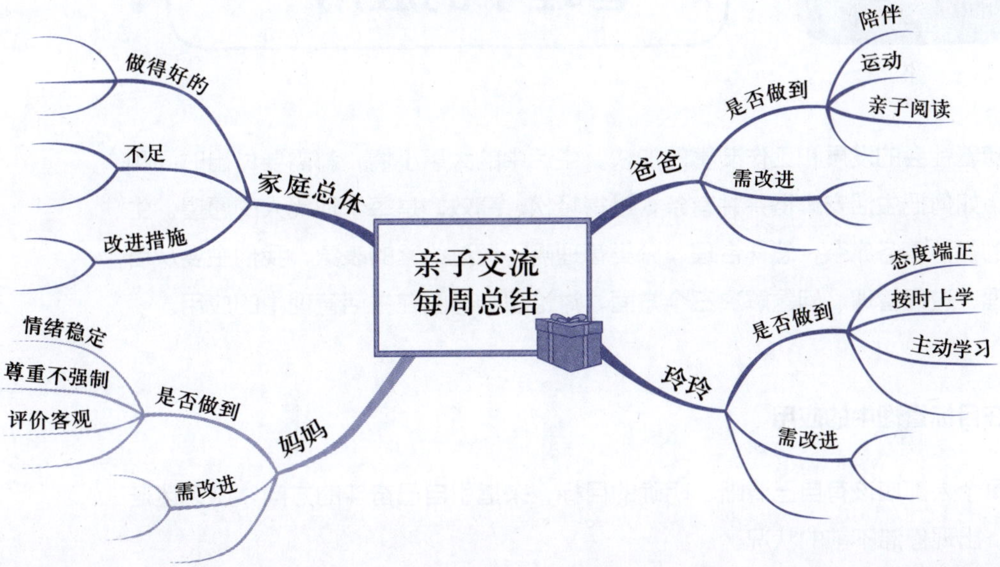

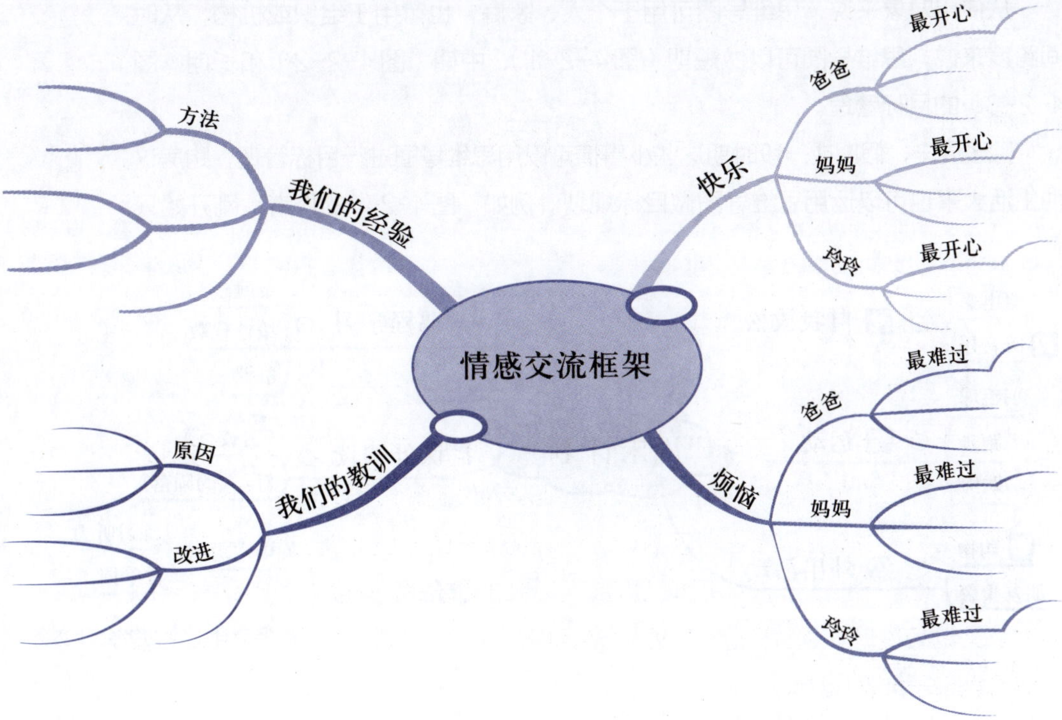

1>图4-1-12
“焦虑型亲子关系”
思维导图
2>图4-1-13
“亲子交流每周总结”
思维导图
3>图4-1-14
“情感交流框架”
思维导图

通过上述实例，我们可以看到，思维导图在人们的情感交流中，可以发挥多种作用，既能让人们把不好意思讲的话，用简洁生动的方式呈现出来，实现沟通与理解；也可以用思维导图，规范和指导人们更加有效地进行情感交流。

第二节 思维导图在生活管理中的应用

随着社会的发展和工作节奏的加快，生活中的大事小情，都需要付出时间和精力，如何把生活安排得井井有条，过得轻松、高效，是每个现代人的愿望。生活中的各种事务庞杂，怎样合理、分类管理呢？透过纷繁的表象，我们主要从目标管理、过程管理、问题解决三个方面，讨论思维导图在生活管理中的应用。

一、在目标管理中的应用

每个人都应该有自己清晰、明确的目标，来指引自己奋斗的方向，避免迷茫徘徊，出现停滞不前的状况。

从使用对象来说，思维导图可用于个人、家庭，也可用于组织或机构；从时间跨度来说，思维导图可以做短期（图4-2-1）、中期（图4-2-2）和长期（图4-2-3）的目标管理。

除了周末、假期或一段时期这些小事情可以用思维导图进行目标管理，购房这种生活大事也可以运用思维导图做目标规划。例如，图4-2-4的作者，刚开始只

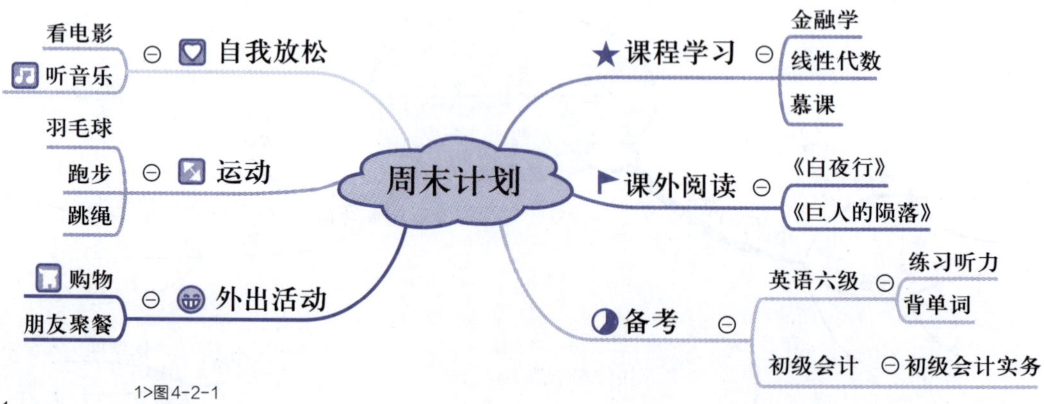

1

1>图4-2-1
“周末计划”思维导图

是想要购房，但对购买什么样的房子的认识是模糊不清的。通过使用思维导图（图4-2-4）分析购房需求、购房地点、购房资金，该作者明确了自己的购房目标。

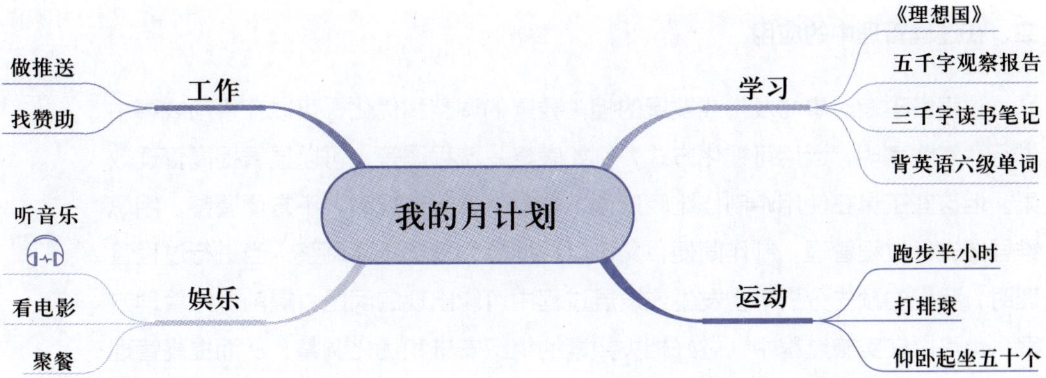

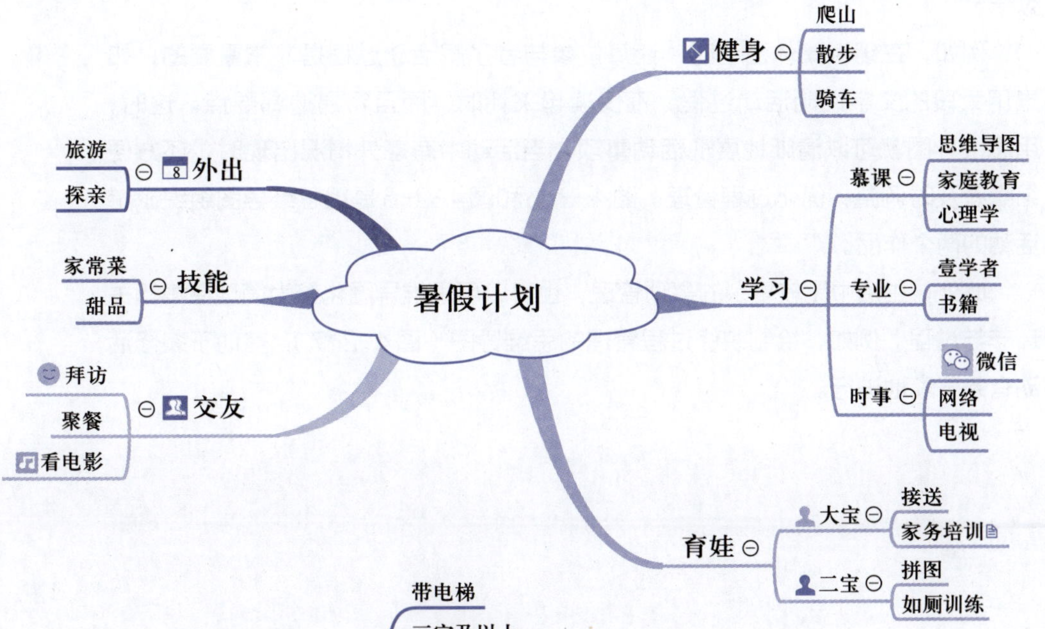

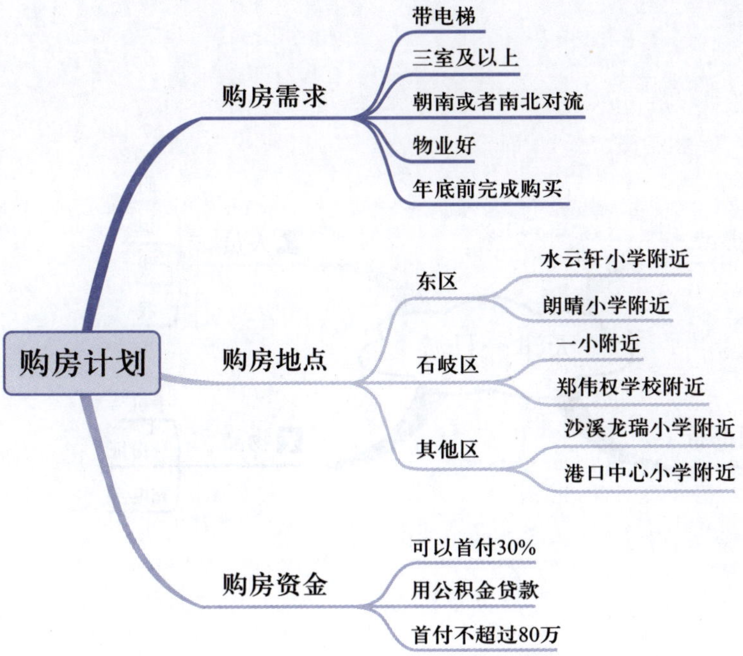

1
2
3

1>图4-2-2 “我的月计划”思维导图
2>图4-2-3 “暑假计划”思维导图
3>图4-2-4 “购房计划”思维导图

上述作品，虽然从形式到内容，都有可改进之处，但都清晰地展现了每个人在不同时期内的目标。

二、在过程管理中的应用

过程管理指对事物发生或发展的相关要素的调整和优化，可以在事前或事中进行。实践表明，运用可视化方式，例如表格、流程图等，可以显著提高管理效果。但这些工具在使用中制作比较麻烦，在意外情况出现时，不方便调整。用思维导图进行过程管理，制作简便，又可以根据具体情况灵活调整。当进行过程管理时，我们要预先分析事物发生或发展过程中可能出现的问题，提前做好管理方案；也可以在实施过程中，做好相关要素的组织安排和优化调整，从而提高管理效果。

例如，在组织集体活动时，让每位参与者了解活动过程是非常重要的，如果用大段的文字说明活动过程，不仅读起来耗时，而且容易遗漏要点。这时，用思维导图就可以清晰地展现活动事项，当活动中有意外情况出现时，还方便组织者及时调整，优化过程管理。图4-2-5和图4-2-6是用思维导图组织旅游活动的两个作品。

此外，生活中比较复杂的事项管理，也可以用思维导图化繁为简地厘清相关环节与过程。例如，绘制装修过程管理的思维导图（图4-2-7），有助于装修活动有条不紊地进行。

1

1>图4-2-5
“天津一日游”思维导图

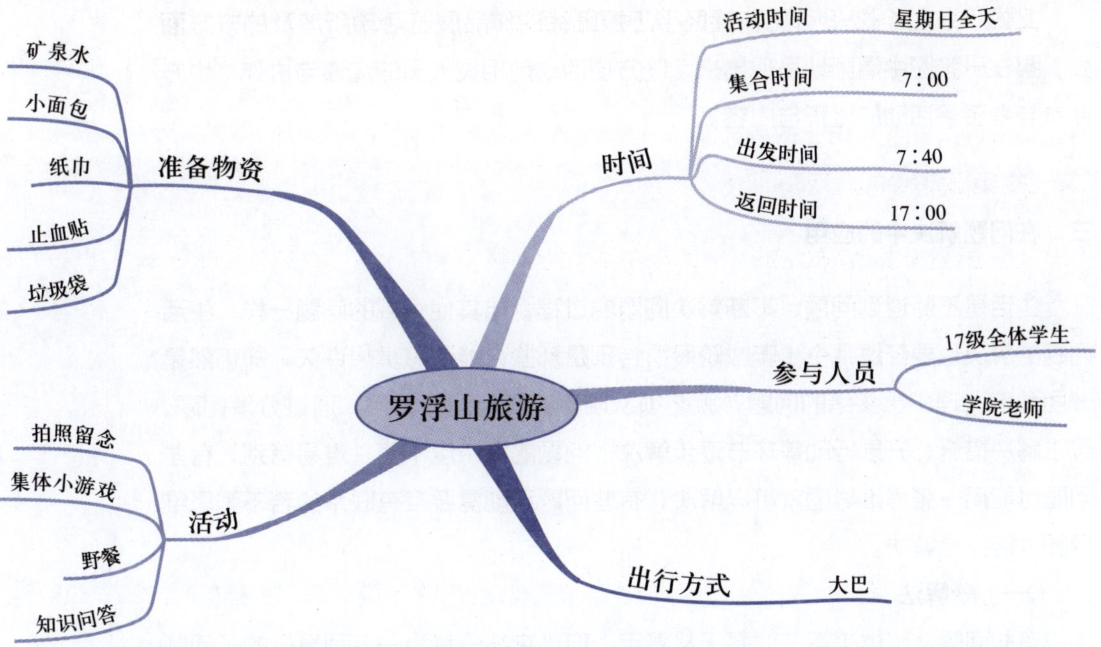

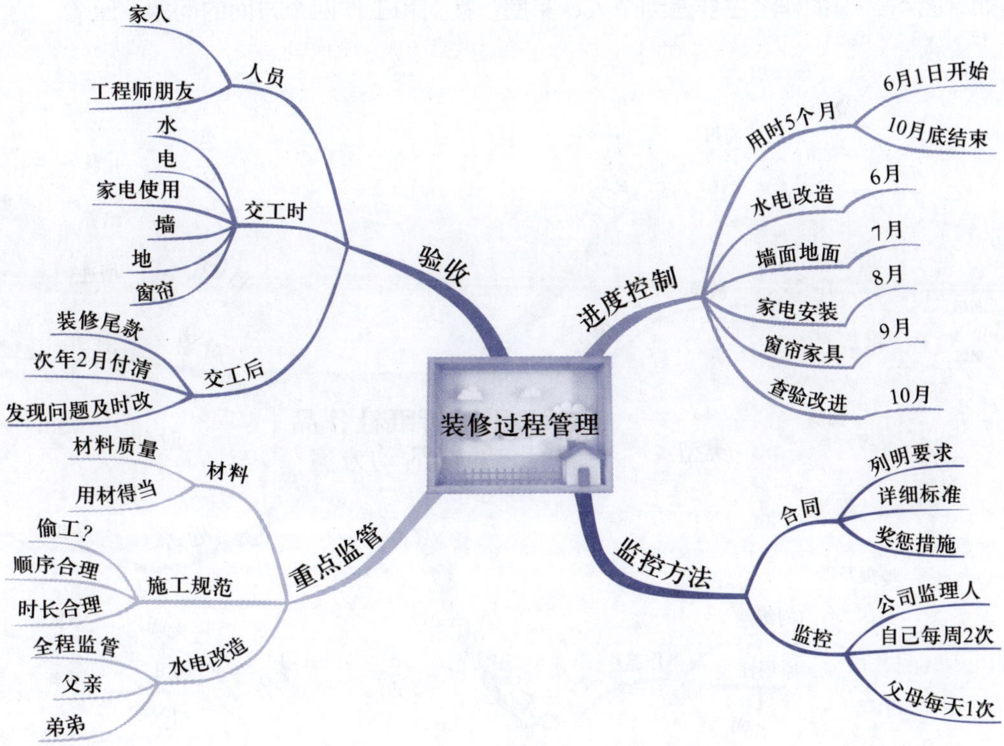

1
2

1>图4-2-6“罗浮山旅游”思维导图
2>图4-2-7“装修过程管理”思维导图

又如，从图4-2-8可见，社区手工折纸社的作品展览活动所涉及的方方面面，都在一张图中清晰地呈现出来，既方便活动前相关人员的沟通与协作，也方便参与者了解活动的过程与内容。

三、在问题解决中的应用

生活是不断遇到问题、不断解决问题的过程。与其他领域的问题一样，生活问题的解决也要经过几个步骤或阶段。特别是那些可能苦思冥想许久，却仍然是一团乱麻，理不出头绪的问题，就必须从明确或界定问题着手，通过分解问题、寻求解决措施、开展行动等环节逐步解决。问题的复杂度不同，难易有别，有些问题可能用一张思维导图就可以解决，有些问题可能需要互有联系的若干张思维导图才能完全解决。

（一）分解法

有些问题从整体来看，似乎无从着手，但当它被分解为一系列具体的子问题后，就会变得容易解决了。例如，每个人在生活中都会面临不同的烦恼，当各种烦恼混杂为一团时，就需要我们将纠缠不清的烦恼，分解为几个具体问题。例如，图4-2-9的作者主要遇到个人、家庭、社交和工作四个方面的问题，厘清

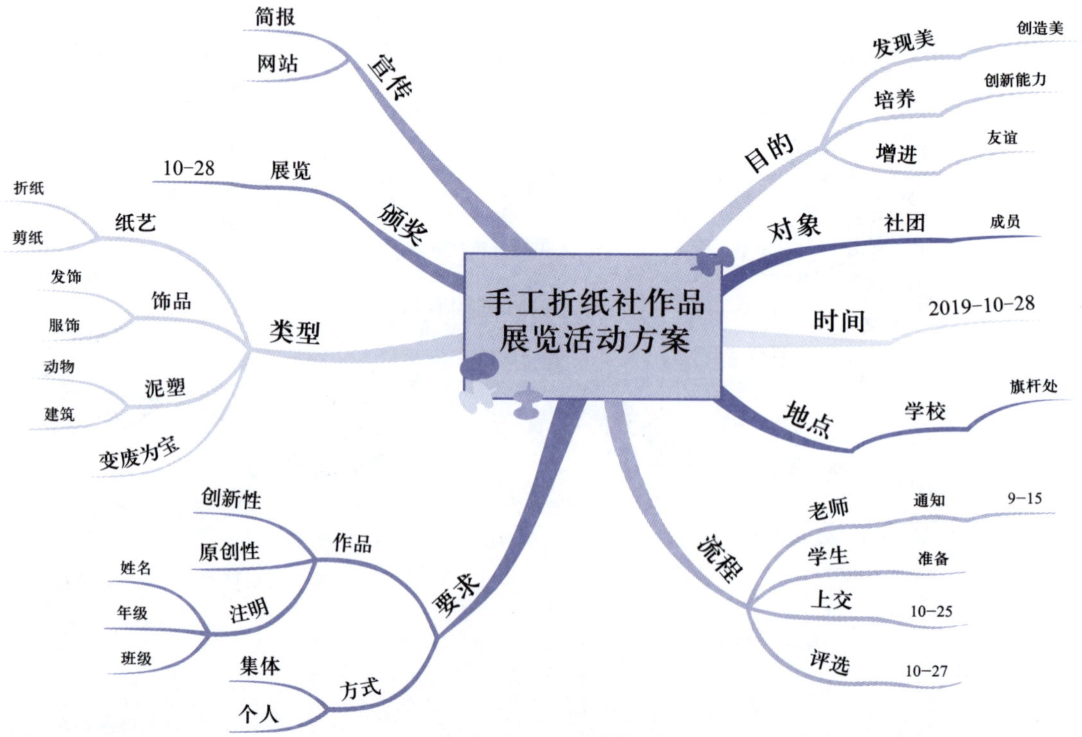

1>图4-2-8 “手工折纸社作品展览活动方案”思维导图

具体问题，就容易找到解决问题的思路和方法了。

（二）分析法

除了分解法，还可以通过分析问题的状况、产生的原因，寻求问题的解决措施，这也是常用的问题解决方法。例如，图4-2-10是学员用思维导图对脱发问题的分析。

做好个人管理，是生活管理的基础。当遇到问题时，我们就可以从容冷静地处理，适当时寻求适当的帮助。图4-2-11是一位学员为提高自律性，针对外部

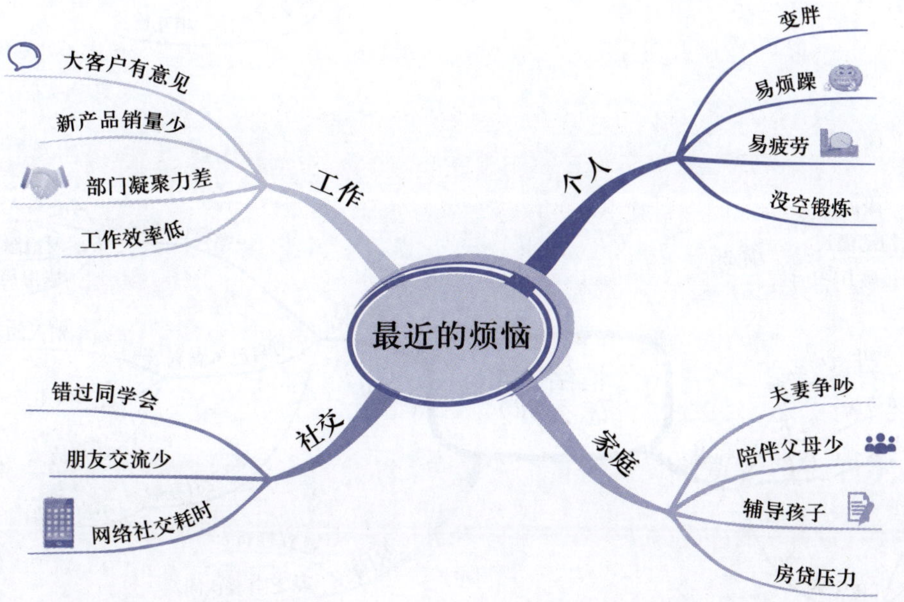

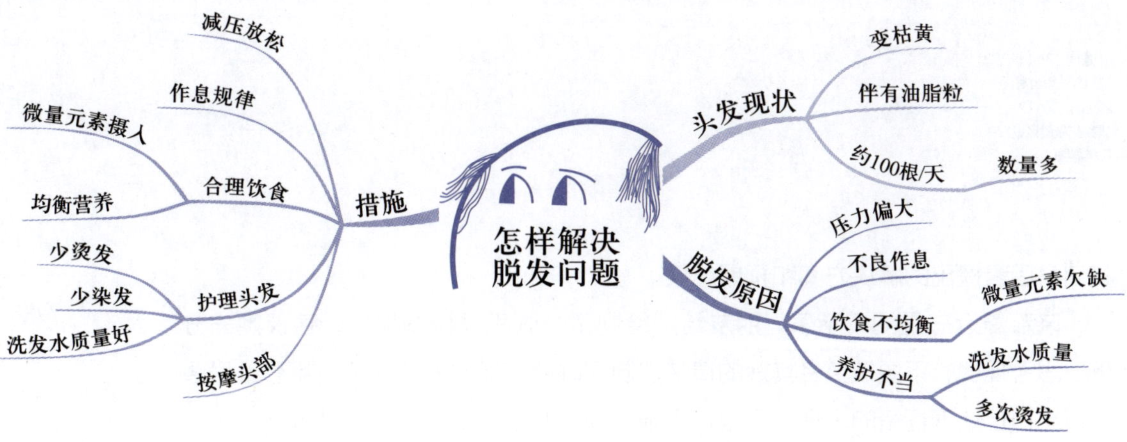

1>图4-2-9“最近的烦恼”思维导图
2>图4-2-10“怎样解决脱发问题”思维导图

1

2

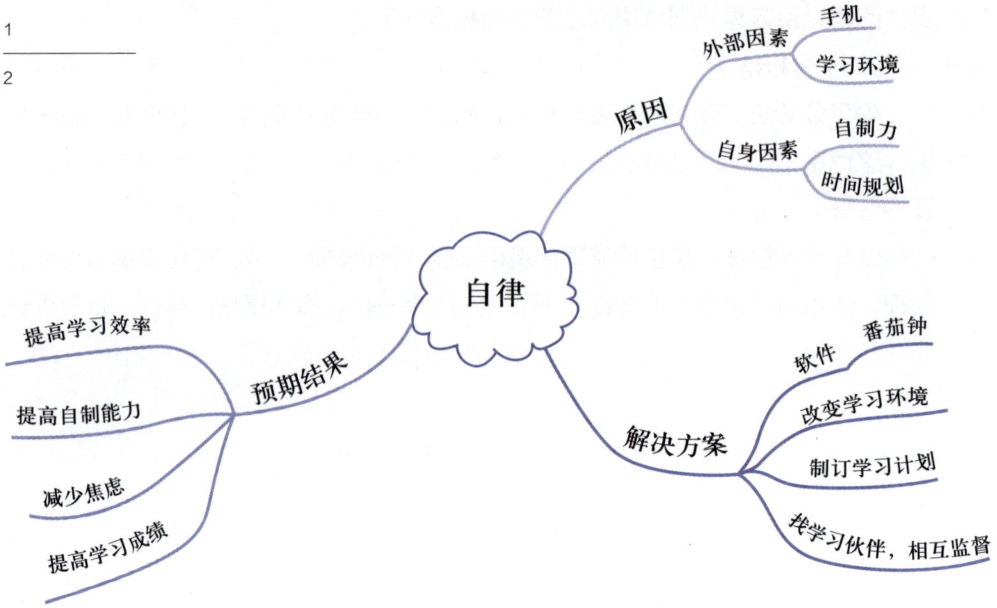

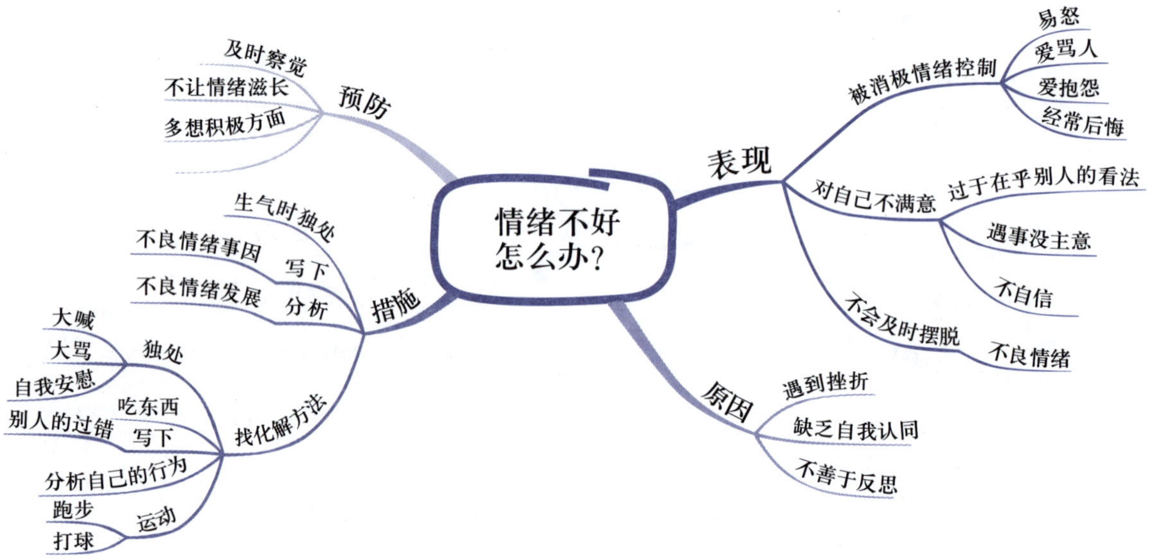

1>图4-2-11
“自律”思维导图
2>图4-2-12
“情绪不好怎么办？”
思维导图

和自身因素提出的解决方案和预期结果。

晓菲最近总是闷闷不乐，朋友给她绘制了一张思维导图框架，建议她先分析、思考现状，不要被莫名其妙的情绪控制。晓菲在朋友的帮助下，用思维导图梳理出自己处理情绪的表现、原因、措施、预防方法，如图4-2-12所示。

（三）比较法

如何解决装修问题，是个比较复杂的问题，学员在面对这个问题时，在通过用思维导图分析、比较半包和全包的优势、价格等具体问题后，找到了自己的解决方案（图4-2-13）。

李先生在参加了几所幼儿园的招生宣讲活动，收到了几家幼儿园的招生宣传资料后，选择参观了两所幼儿园，并准备从中选定一所。回家后，他拿着这些资料向家人讲解了两所幼儿园的情况，家人边听边问了有关情况，但大家听完仍觉得信息量多而杂，一时难以选择。李先生决定用思维导图整理这些信息，与家人讨论。

在再次阅读招生资料后，李先生认为要清楚地掌握两所幼儿园的情况，必须知道每所幼儿园的优势与不足，于是他创作了图4-2-14。一家人根据这张思维导图，在充分了解了两所幼儿园的学校环境、设施资源等信息后，选定了适合自家情况的知乐幼儿园。

由此可见，恰当应用思维导图这个小助手，有助于我们找到生活中各种问题的解决办法。

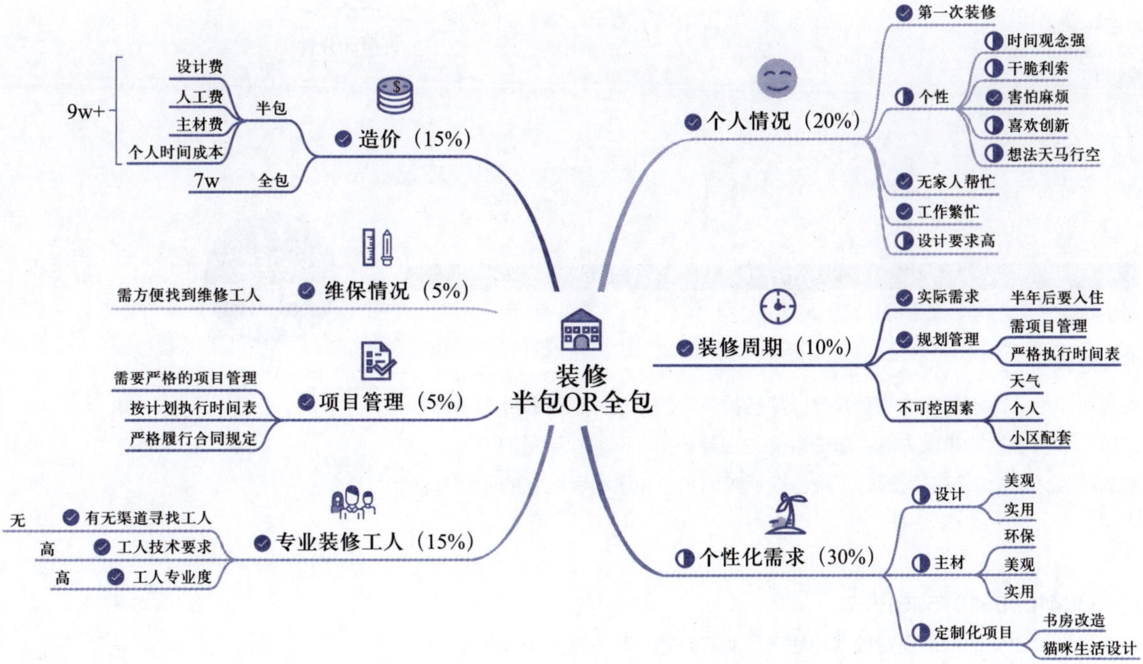

1

1>图4-2-13
“装修：半包OR全包”思维导图

1

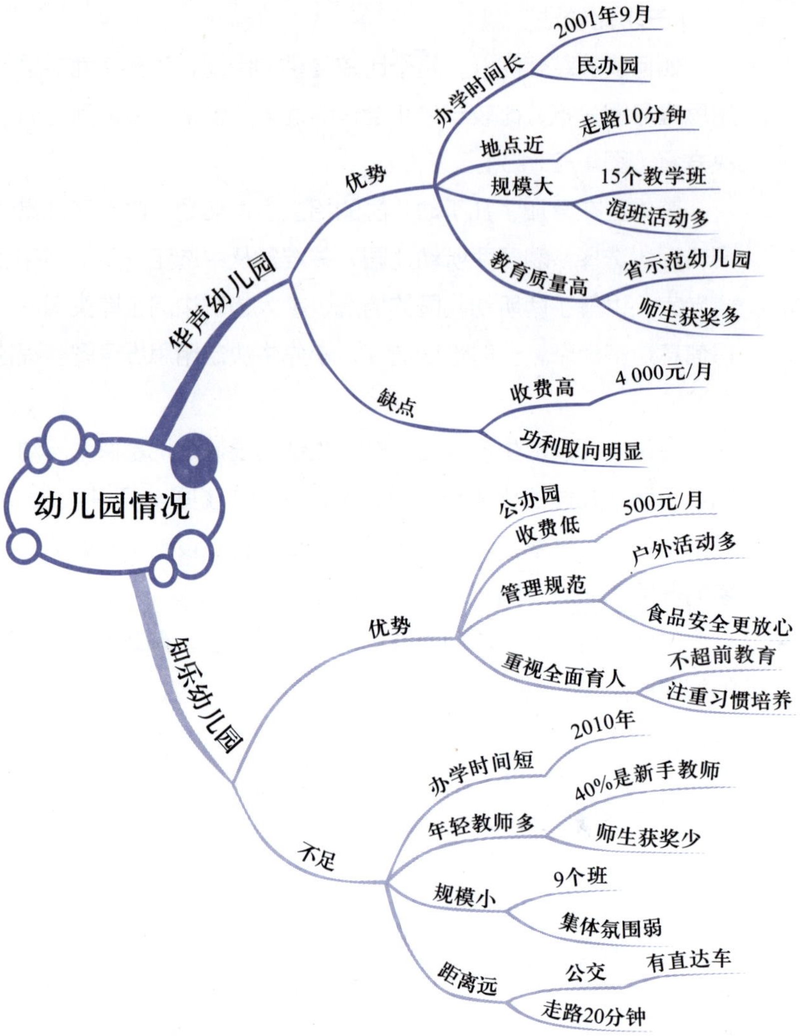

1>图4-2-14 “幼儿园情况”思维导图

MOOC 学员有话说

浙江范慧:

我应用思维导图的最大的收获是：以前觉得棘手的事情，现在通过画思维导图可以厘清事情的来龙去脉，抓住事情的主要矛盾，迅速找到解决办法，做事效率大大提高。解决问题时，我也逐渐养成了一种思维导图式的问题解决思路。

mooc64104591075351927:

思维导图最重要的价值是帮助我们思考、观察问题，而不是其多样的绘制的形式。如果要形成这种思维方式，就需要我们在日常生活中不断练习，仔细揣摩。就像骑自行车、开车一样，需要练习才能掌握。熟练后，当你想去某个地方时，就可以从多种交通方式中选择最便捷的那种。

第三编

如何教

第五章

思维导图在教学准备中的应用

○ 学习提示

本章主要面向教师群体。目前，你已经掌握了思维导图的基本内容，那么如何将思维导图应用于教学准备中呢？在学习本章前，我们有如下学习提示。

提示1：感受应用思维导图进行教学准备的便利和高效率。

提示2：尝试将思维导图应用于教学准备中。

思维导图在教学准备中的应用

第一节

思维导图在教学准备中的应用概述

为什么用思维导图做教学准备

思维导图在教学准备中的应用方式

第二节

应用思维导图开展预习活动

设计预习作业

预习章节内容

进行诊断性评价

第三节

应用思维导图设计教学目标

教学目标设计的前提与原则
设计教学目标的方法

第四节

应用思维导图分析教学内容

依据教科书绘制
依据知识类型绘制
依据教学环节绘制

第五节

应用思维导图设计板书与课件

板书
课件

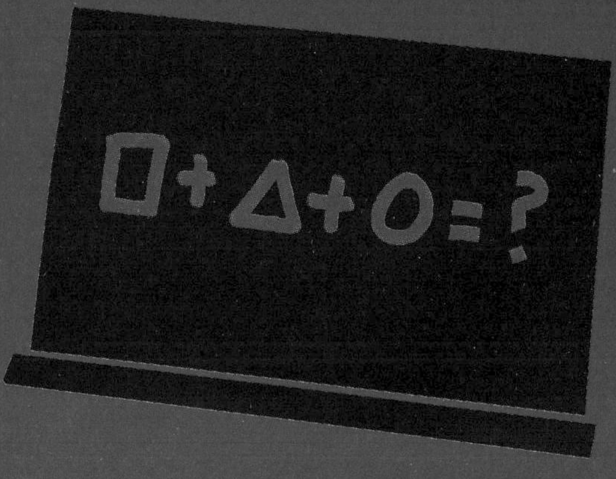

第一节　思维导图在教学准备中的应用概述

在教学实施前，教师为了有效开展教学活动，会综合考虑各种影响因素，进行教学准备。教学准备是通过备课活动来完成的，备课是否充分，对教学质量具有重要影响。

思维导图的非线性结构能直观地呈现备课过程和结果，便于教师之间进行相互交流，大大提高备课效率。

为了更好地应用思维导图备课，我们首先来讨论为什么要在备课中应用思维导图，然后再分析用思维导图备课的优势与应用方式。

一、为什么用思维导图做教学准备

为什么用思维导图做教学准备

教学准备是一个复杂的过程，教师在备课中需要统筹考虑诸多因素，既要全方位创设教学情境，设计教学内容、教学流程和教学策略等，还要充分考虑教学过程的动态生成性内容，做好根据具体情况动态调整教学的准备措施。

应用思维导图备课，可以避免以下常见问题，提高备课效率和质量。

（一）备课容易出现的问题

尽管教师在备课时会兼顾各方面情况，但由于备课涉及多方面的要素，还是容易出现下述问题。

第一，备课活动难以统筹协调，容易顾此失彼。从图5-1-1可见，教师要做好教学准备，需要从参与人员、层次、活动方式和备课内容四个方面来分析，没有相关工具的支持，没有多方的协调工作，教师很容易顾此失彼。

第二，备课过程不易监控和调整，影响了备课质量和效果。

第三，备课结果以线性文本式教案呈现，不利于审视备课思路和重点，也不利于检查、修改，还不便于与同事交流和协作，尤其是集体备课时投入较多精力。

第四，备课结果与教学过程呈两张皮的状态，具体表现在两个方面：一是线性文本式教案不能体现教学的生成性，不易扩展和丰富；二是在教学过程中线性文本式教案难以及时调整。

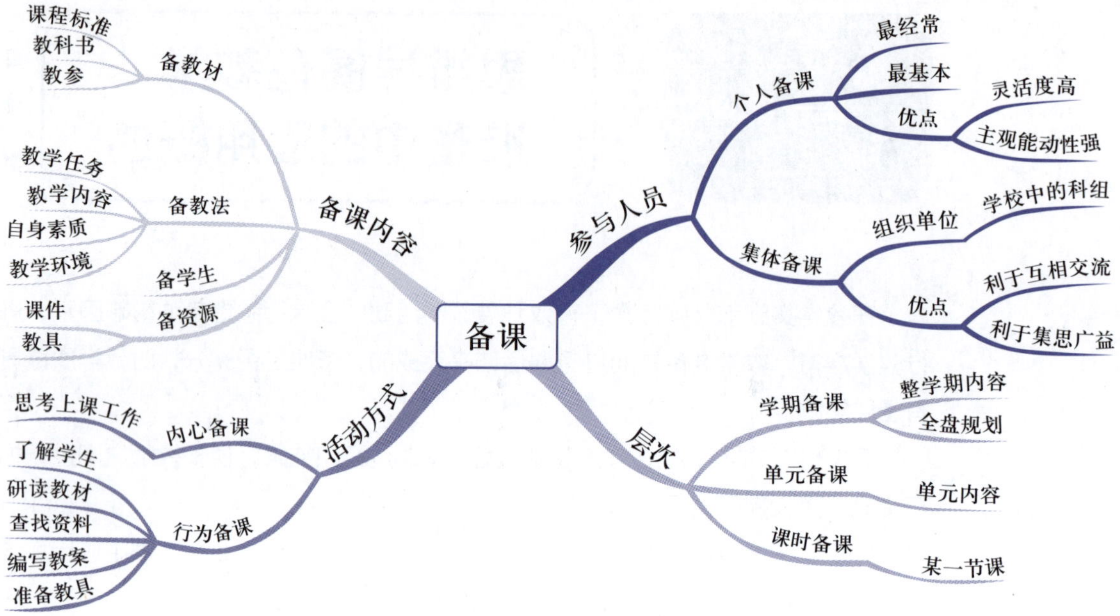

1　1>图5-1-1
备课涉及的要素

（二）思维导图在备课中的优势

运用思维导图备课，可以克服传统备课的主要弊端，并具有下列优势。

第一，思维导图可以突破线性文本式教案的局限。比如，教师在用思维导图备课时，可以在备教材的基础上，在备学生、备教法和备资源之间灵活地进行转换（图5-1-2），可以先写考虑好的方面，避免线性文本式教案的内容秩序限制。

第二，将思维导图作为备课工具，可以使备课思路清晰，内容明确，重点突出。教师可以分别梳理出课程标准、教科书、教参的重点内容，在遵循课程标准的基础上，充分发挥教科书与教参的作用。

第三，用思维导图设计教案，方便教师监控过程，审视备课思路，便于教师检查和修改完善教案，还有利于教师根据教学情况随机调整教学措施。

第四，在用思维导图备课时，教师要提取关键词，设计、完善各分支内容，这相对减少了书写工作量，减轻了思维负担。

第五，用思维导图备课，呈现结果简洁、清晰，方便与同事协作交流。

综上所述，在教学准备中恰当应用思维导图，有助于教师提高备课效率和质量。

二、思维导图在教学准备中的应用方式

思维导图在教学准备中有两种应用方式：一是可以将其用作教学准备的手段和工具；二是可以用思维导图呈现备课结果。

思维导图在教学准备中的应用方式

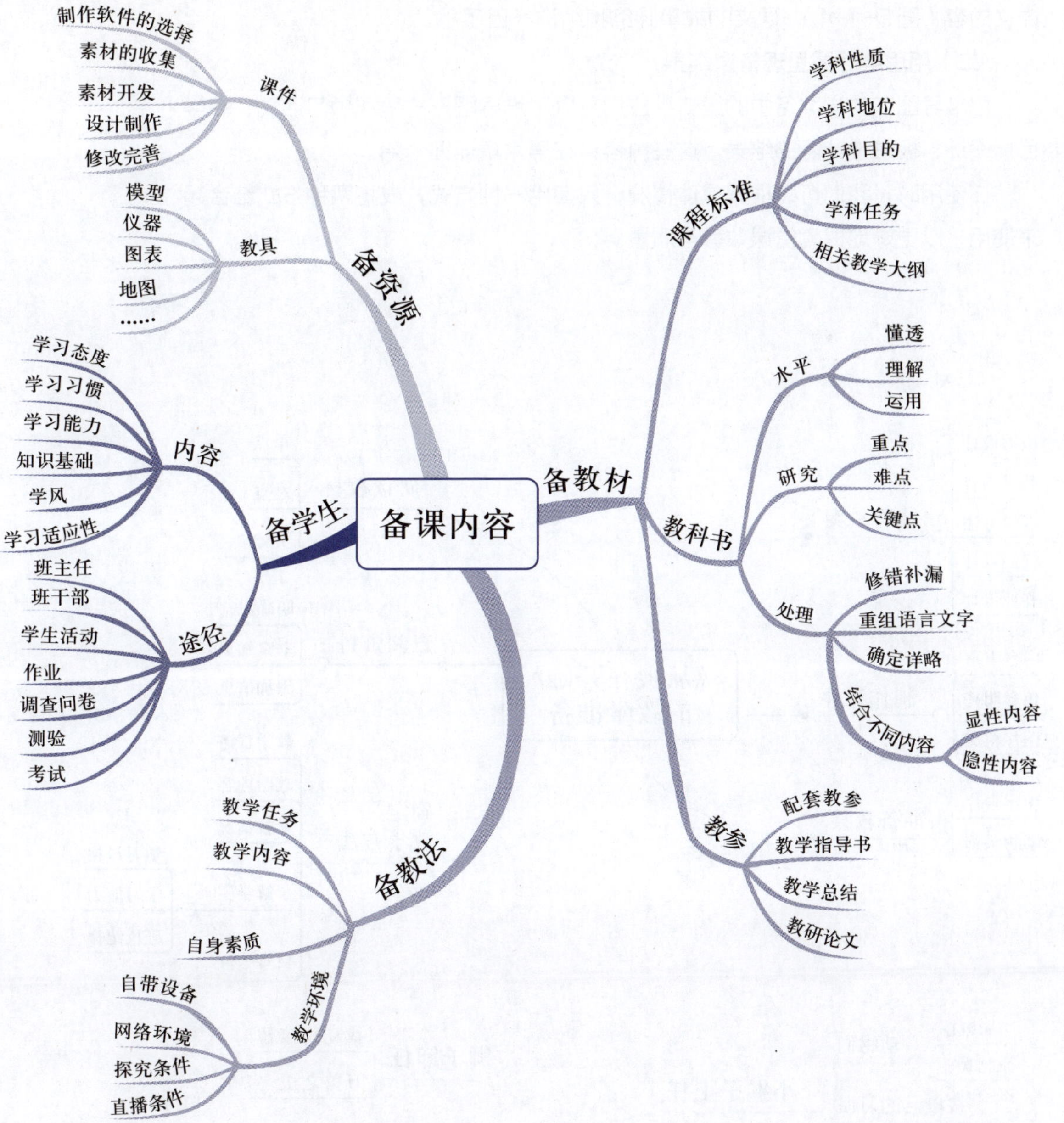

1>图5-1-2 用思维导图处理备课内容

（一）思维导图用作教学准备的手段和工具

在教学准备过程中，教师可以利用思维导图整理备课思路、梳理教学内容、确定教学目标、设计教学过程、设计板书，以及指导学生用思维导图进行自主预习等。

侯老师为了准备一节公开课，忙了几天却依然思路不清，她决定用思维导图做准备工作（图5-1-3），以厘清备课思路各项准备内容及其之间的关系。

为了深入理解和分析课文内容，在研读教科书时，侯老师还用思维导图梳理课文内容（图5-1-4），课文的故事脉络和结构一目了然。

（二）用思维导图呈现备课结果

思维导图在教学准备中的第二种应用是以思维导图形式呈现预习活动、教学目标设计、板书设计等的结果。这些内容将在第六章详细介绍。

在使用时，我们可以根据具体情况，只使用一种方式，或将两种方式结合起来使用，以更好地提高备课效率与质量。

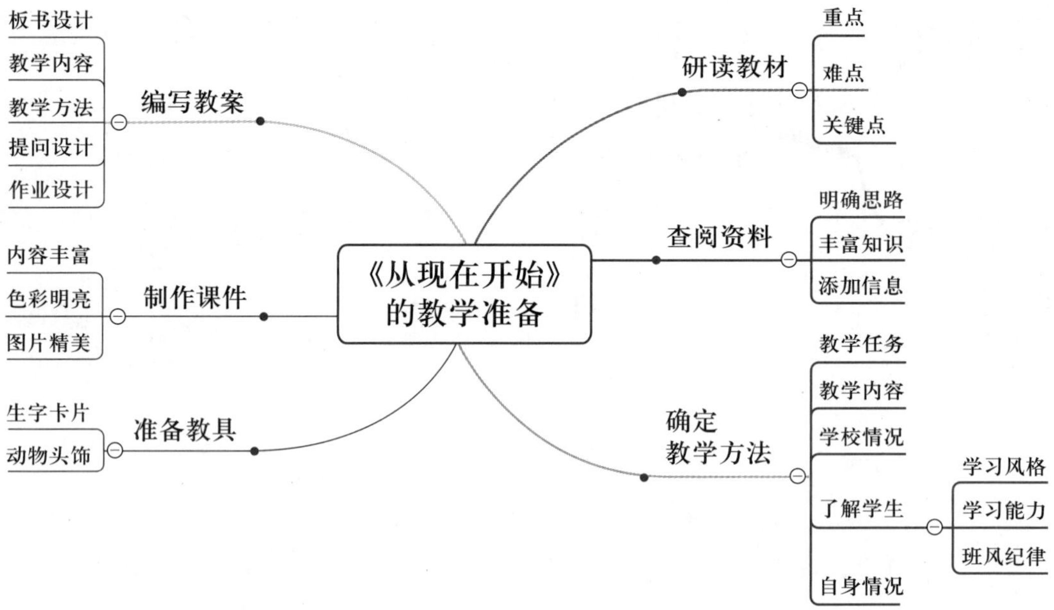

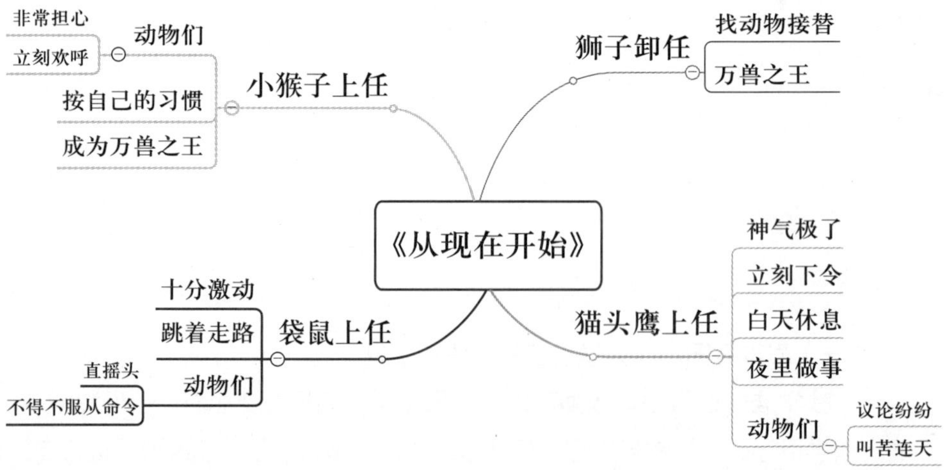

1

2

1>图5-1-3
用思维导图整理
备课思路

2>图5-1-4
用思维导图梳理
课文内容

第二节 应用思维导图开展预习活动

思维导图在学生的课前预习活动中有多种用途，这里主要讨论如何应用思维导图设计预习作业、如何应用思维导图预习章节内容以及如何应用思维导图进行诊断性评价，以明确教学起点，根据学情开展教学。

一、应用思维导图设计预习作业

应用思维导图设计预习作业

思维导图作为设计教学过程的重要工具与支撑手段，可用于设计预习作业。预习作业是教师根据学生的实际情况、本课的教学目标与重难点而设计的。教师可以运用思维导图将预习作业的内容与要求具体化。设计预习作业的主要步骤包括：设定预习作业的目标、确定预习作业的实现方式和明确预习作业细则。

我们以小学语文课文《只有一个地球》为例，来说明如何通过上述步骤设计预习作业。

第一步：设定预习作业的目标，绘制预习作业思维导图的一级分支。

课文《只有一个地球》的教学目标包含理解内容、感悟写法、学习论述和明白道理四个方面，根据四个教学目标的难易程度和预习阶段应达到的水平，教师将理解内容和感悟写法分解为感知内容、初悟写法、尝试概括三个目标。另外，六年级学生已经具有较强的字词自学能力，教师可以将掌握字词作为预习作业目标之一，为学生阅读和品析全文扫清文字障碍。基于上述考虑，教师确定了预习作业的四个目标，以期摸清学生水平，找准教学起点。

第二步：确定预习作业的实现方式，绘制预习作业设计思维导图的二级分支。

以“掌握字词”目标为例，在该环节学生应兼顾生字的音、形、义，因此教师设计了读、抄、用三项练习活动，这样便构成了思维导图的二级分支。

第三步：明确预习作业细则，绘制思维导图的三级分支。

以“尝试概括”目标为例，在考虑尝试概括的方式时，教师根据学生的水平和作业的难易程度，确定了二级分支为填写表格。接着教师要进一步考虑学生概括课文的两个大致方向。根据课文内容和文体特点，教师确定了“说明角度”和“说明要点”这两个方向，这样便完成了三级分支的绘制。

在教师确定以上内容，逐级细化、完善思维导图之后，整个预习作业的框架就搭建好了（图5-2-1）。教师可以对照教学目标预测作业实施的情况，进一步完善和调整思维导图，完善之后就可以对照思维导图着手编写预习作业了。

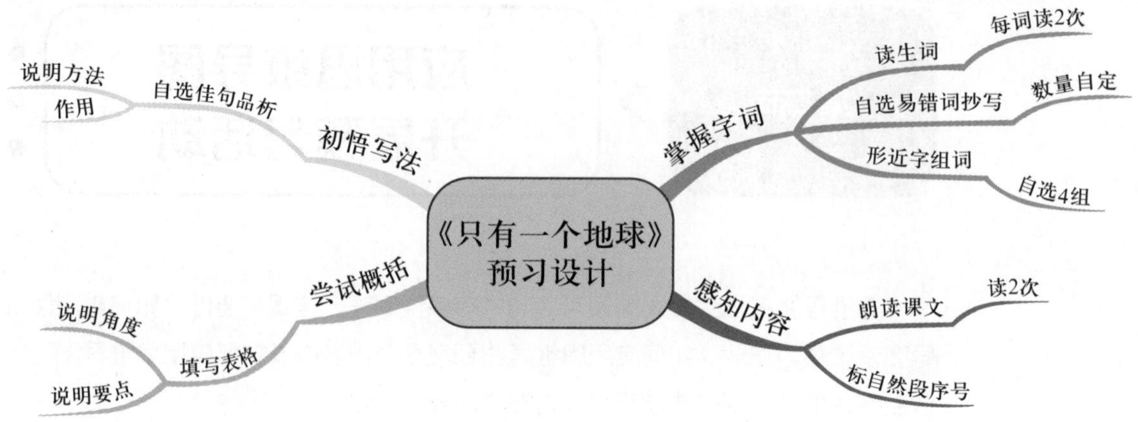

1　1>图5-2-1
用思维导图设计的
预习作业

二、应用思维导图预习章节内容

课前预习是学生提高听课效率的重要方式，学生用思维导图做章节预习，可以明确学习目标，迅速把握学习重点与难点。用思维导图将预习过程呈现出来，可以实现认知过程的可视化，有助于学生提高认知效果，使学生在听课时明确目标，提高听课效率。教师通过查阅学生预习的思维导图，可以迅速了解学生对学习内容的掌握情况与学习难点，及时调整教学重点和教学策略等，增强教学的针对性和实效性。

广东省佛山市李小鹏老师根据自己的教学实践，从应用目的和应用过程两个方面对如何应用思维导图预习章节内容进行了总结梳理，具体如图5-2-2所示。

下面是李小鹏老师指导学生用思维导图预习二元一次方程组的过程，清晰地展现了思维导图应用于章节预习的主要流程。

首先，教师要求学生从目录开始了解该章要学习的内容，并联系已有的相关知识（如方程、一元一次方程）建立思维导图一级分支。

其次，教师要求学生深入预习每课时的具体内容，与已有的相关知识进行联系，逐步建立起思维导图的二级、三级等分支。

最后，教师要求学生一边详细学习、理解每个课时的内容，一边在思维导图各分支上使用√、×或？来标记，表示自己“已会”“完全不懂”“有疑问”。最终的思维导图结果如图5-2-3所示。

教师可以从思维导图中快速发现，不同学生对同一章节从知识体系到某个知识点的理解程度，从而考虑如何调整教学内容与教学策略以兼顾学生的差异。

教师还可从中进一步分析问题。例如，李小鹏老师发现，学生在应用思维导图预习时出现了三个方面问题：第一，学生的语言不够精练，概括总结能力有待提高；第二，学生缺乏对新旧知识建立联系的意识；第三，学生对知识点的把握

1

2

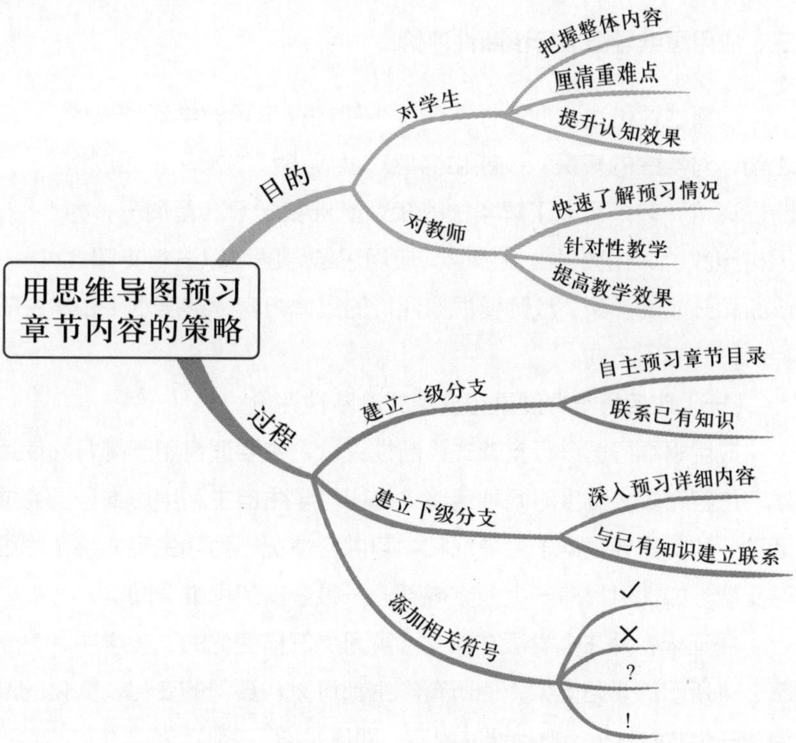

1>图5-2-2
用思维导图预习章节内容的策略（1）
2>图5-2-3
用思维导图预习章节内容的策略:（2）

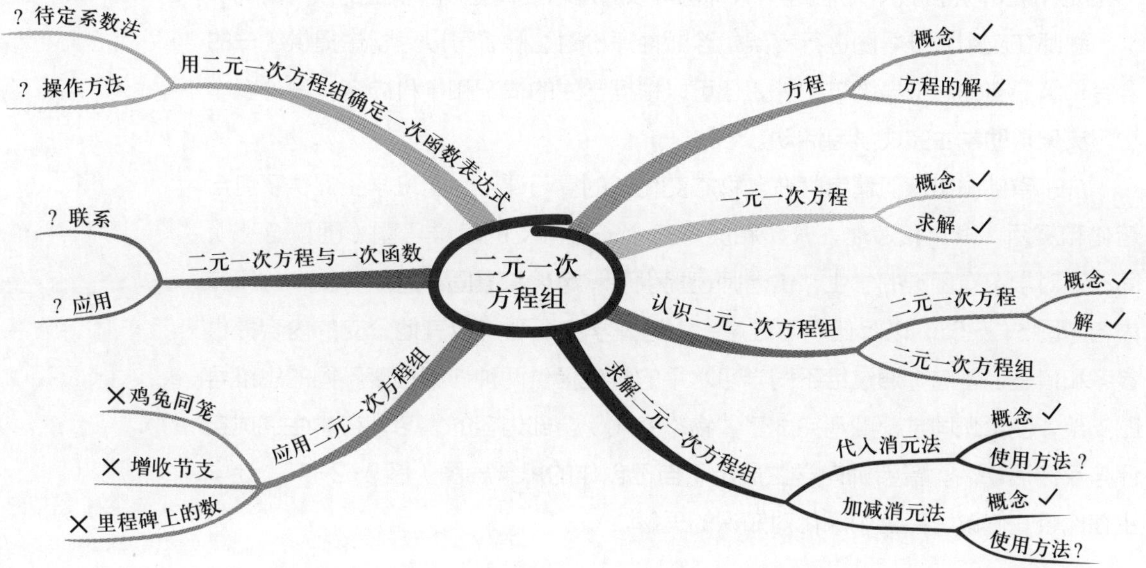

不够全面、细致，容易遗漏知识点。李小鹏老师总结了自己的解决办法：首先，教师要引导学生长期坚持应用思维导图预习，逐步培养学生的概括总结能力；其次，课前对学生的思维导图进行展示点评，及时给予学生指导和建议，增强学生建立知识体系的意识；最后，指导学生进行自评和互评，养成从整体上分析、把握学习内容的习惯。

三、应用思维导图进行诊断性评价

应用思维导图开展诊断性评价

诊断性评价也称准备性评价，一般指在某项教学活动开始之前，对学生的知识、技能和情感态度等进行的预测。通过诊断性评价，教师可以了解学生的知识基础和学习准备情况，为因材施教、深化教学提供依据。应用思维导图可以进行支架式诊断和开放式诊断。教师要根据评价的具体内容、难度水平和学生的情况等，选择合适的应用方式。

（一）应用思维导图进行支架式诊断性评价

应用思维导图进行支架式诊断性评价，主要适合用于刚开始使用思维导图和学习内容有较大难度时两种情境。为引导学生自主利用思维导图完成诊断性评价活动，教师需要根据学生情况和学习内容情况，为学生完成整个思维导图提供学习支架，如提供具有一级分支或部分一级分支的思维导图。

费延华老师在小学语文课文《黄河是怎样变化的》教学中，为学生提供了图5-2-4所示的学习支架，使所有学生都可以从黄河的变化、变化的原因以及如何治理三个方面分析、概括课文内容。即使是学习有困难的学生，也能在支架的引导下完成对课文内容的分析、梳理，教师也可以通过思维导图诊断学生的预习情况。

教师在应用思维导图进行支架式诊断性评价时，除了可以为学生提供统一的含有一级分支的思维导图支架外，还可以根据学生的情况和学科内容，设计多个学习支架帮助学生完成学习活动。

广东省佛山市曾倩倩老师在“物态变化”的复习课上为全班学生提供了包含熔化和凝固、汽化和液化、升华和凝华三个一级分支的思维导图（图5-2-5）；同时，对学习有困难的学生，曾老师还提供了“熔化和凝固”这个分支中的所有内容（图5-2-6），以降低学习难度，为这些学生顺利完成其他分支的内容提供参考和借鉴。曾老师通过给不同学习水平的学生提供两种详细程度不同的思维导图支架，使全班同学都顺利完成了“物态变化”全部内容的复习。在学生完成自评与互评活动后，曾老师向学生展示了自己创作的思维导图（图5-2-7），让学生在比较、修改、完善中深化对知识的理解。

1

1>图5-2-4 进行诊断性评价时用思维导图提供支架：《黄河是怎样变化的》

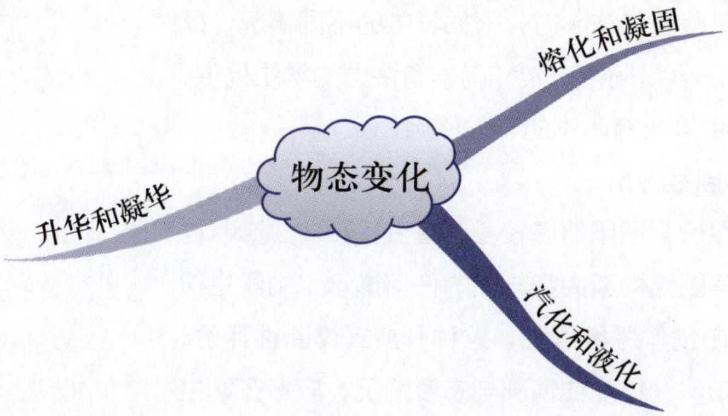

1

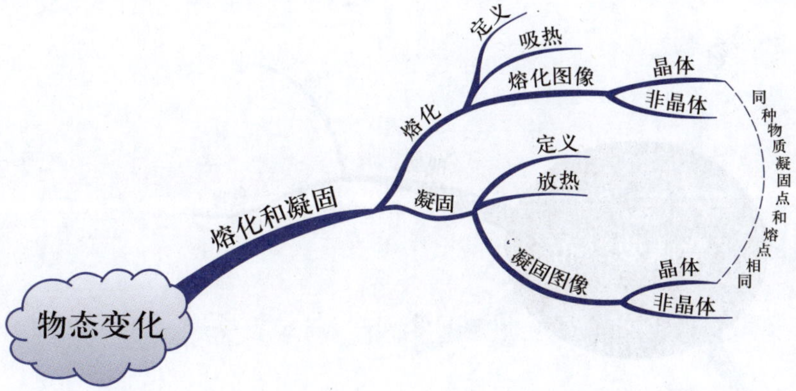

2

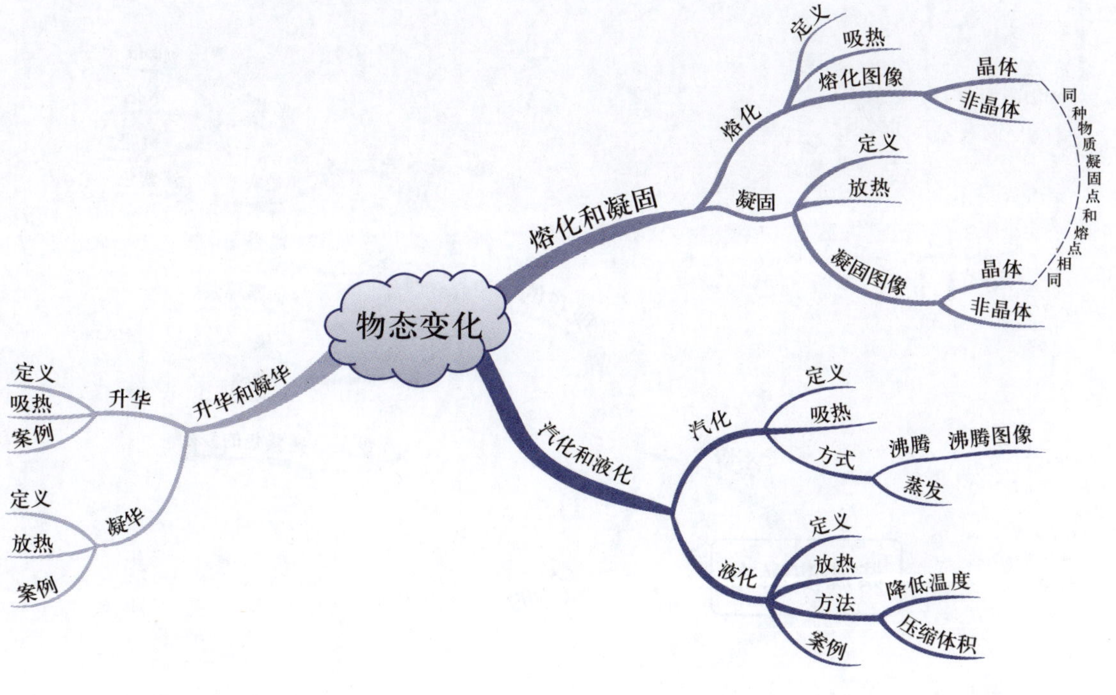

3

1>图5-2-5
“物态变化”的三个一级分支
2>图5-2-6
为学习有困难学生提供的分支
3>图5-2-7
“物态变化”思维导图

广东省佛山市王爽老师在教授《紫藤萝瀑布》时，根据学生的不同情况，提供了两种不同形式的思维导图：图5-2-8是简要支架，向学有余力的学生提供；图5-2-9是详细、具体的支架，主要供学习有困难的学生使用。

（二）应用思维导图进行开放式诊断性评价

应用思维导图进行开放式诊断性评价，适用情境较多。在进行开放式诊断性评价时，教师不需要为学生提供思维导图结构或内容方面的任何提示，由学生根据自己对相关内容的掌握和理解，自由创作思维导图。这种开放式诊断性评价，有利于教师更充分地了解学生已有的知识、技能或情感与态度情况，应多在学生能够熟练使用思维导图，并且对相关内容掌握较好时使用。

1

2

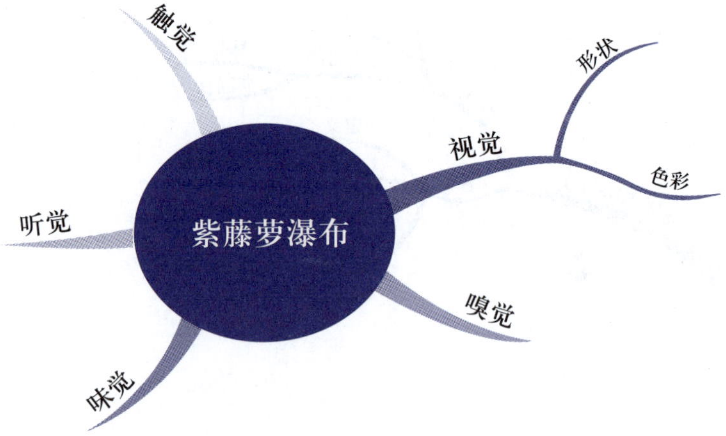

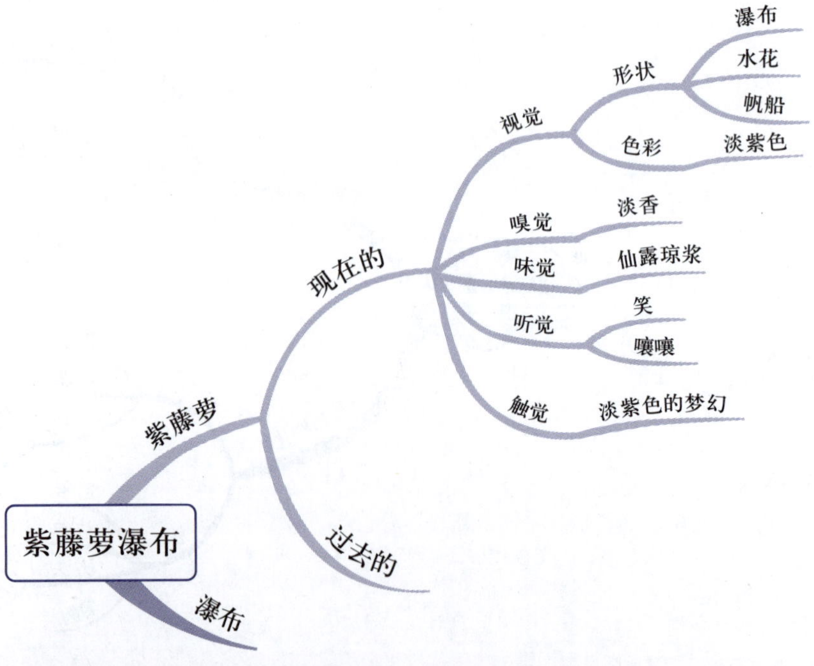

1>图5-2-8《紫藤萝瀑布》的简要支架
2>图5-2-9《紫藤萝瀑布》的详细支架

广州市邓丹玫老师在学生具备思维导图应用经验后，选择在教授小学语文课文《为人民服务》时，要求学生课前自主学习，并将分析课文脉络结构的预习结果绘制成思维导图。图5-2-10、图5-2-11是其中两例。虽然这两幅思维导图有的地方还不够规范，但从中我们可以清晰地看到学生对这篇课文内容的理解和掌握程度，邓老师也能够从中了解学生的学习态度。

可见，我们只要能够根据学生的情况，设计恰当的学习支架或学习任务，就可以应用思维导图开展诊断性评价，而且无论采用哪种方式，教师都能够在某项教学活动开始前对学生的知识、技能或情感态度等状况进行预测。教师可以根据预测结果调整教学设计，开展更有针对性的教学活动。在实践中，教师不必局限于上述两种应用方式，可根据具体情况，大胆创新，灵活应用。

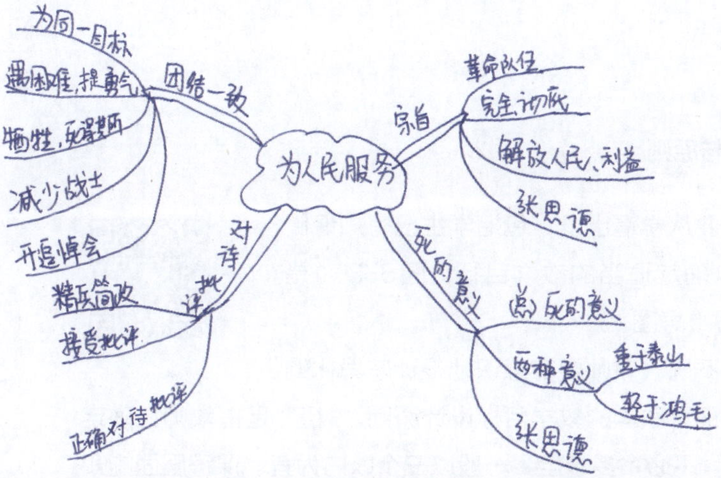

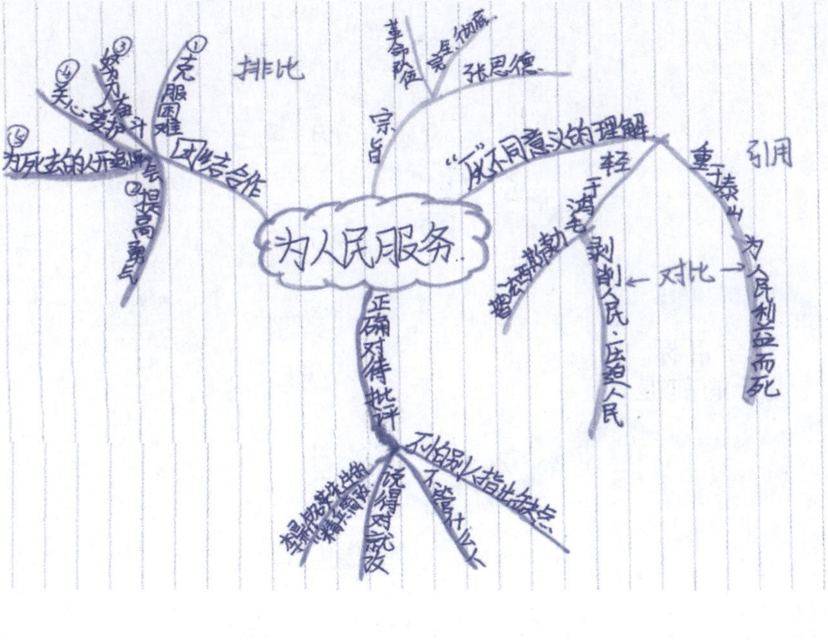

1>图5-2-10 学生自主预习课文《为人民服务》后绘制的思维导图（1）
2>图5-2-11 学生自主预习课文《为人民服务》后绘制的思维导图（2）

第三节 应用思维导图设计教学目标

教学目标是教师预期学生通过教学活动获得的学习结果。教学目标有三个层次：一是课程教学目标，二是单元教学目标，三是课堂教学目标。将单元教学目标分解为更具体的教学目标的过程，也是逐步明确课堂教学目标的过程。教学目标规定着教与学的方向，明确教学目标是设计教学策略和教学评价等活动的基础。在学习开始阶段就把教学目标告诉学生，有利于激发学生的学习动机。

利用思维导图设计教学目标，不仅可以提高教学设计的效率，还可以使设计的教学目标更加直观、明确。

一、教学目标设计的前提与原则

设计教学目标首先需要从学情出发，包括学生已有知识储备、学习兴趣等要素，以确定适当的教学目标。图5-3-1是“教学目标设计的前提”思维导图。

思维导图与教学目标设计

不同学生的学习风格不同，教师要有意识地设计差异化的教学目标，并遵循“精、确、联”的教学目标设计原则。“精”是指教师在确定教学目标时，要少而规范，不必贪多求全，一般以三个以内为宜。课程层面的知识与技能、过程与方法、情感态度与价值观的三维目标，无需也不可能在每节课

1

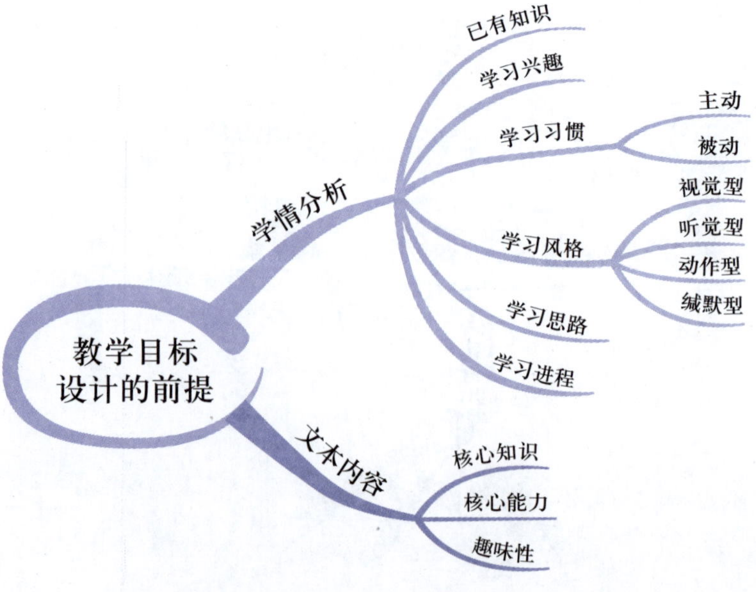

1>图5-3-1
“教学目标设计的前提”思维导图

中都实现。

“确”是指教学目标应在学习者能达成的预期结果范围内，表述明确，可实现、可衡量，并且准确体现教学的核心内容。

例如，有教师将《再别康桥》的教学目标设定为：

（1）学会有感情地朗读诗歌。

（2）鉴赏本诗之美。

这样的教学目标过于宽泛，表述不明确，教师将无法衡量目标的达成度。教师可将“有感情”细化为“调整声音的高低、轻重、缓急”“准确、有变化、有感情”，使目标清晰、明确，变得易操作、可衡量，方便评测教学目标的达成度。上述教学目标可修改为：

（1）学会调整声音的高低、轻重、缓急，准确、有变化、有感情地朗读自由体诗歌。

（2）鉴赏诗歌，体验现代诗歌的“三美”（建筑美、绘画美、音乐美）。

“联”是指在确定教学目标时，能够通过目标聚焦，突破重点，化解难点，注意目标之间的内在关联。

综上，教学目标设计的原则可用图5-3-2概括。

二、应用思维导图设计教学目标的方法

设计教学目标的常用方法主要有自主式、填空式、改写式等（图5-3-3），我们在用思维导图设计教学目标时也可以借鉴应用这些方法。

第一，自主式，即以思维导图为设计工具，自主设计教学目标。教师可以在确定教学内容即中心主题后，逐层设计教学目标。以小学语文课文《项链》为例，教师先从小说阅读、语言鉴赏、文学写作、戏剧表演等角度设计该课的整体教学目标，通过完善各个一级分支的内容，从整体到局部逐步完成教学目标设

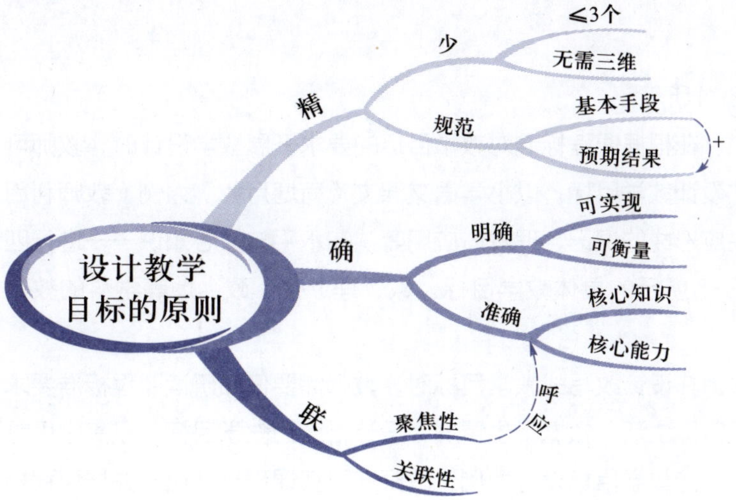

1>图5-3-2 “设计教学目标的原则”思维导图

1>图5-3-3
“设计教学目标的方法”思维导图
2>图5-3-4
用思维导图自主逐层设计《项链》的教学目标

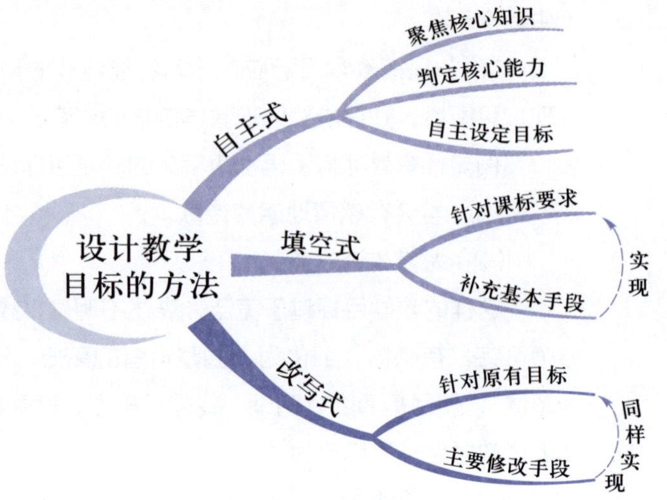

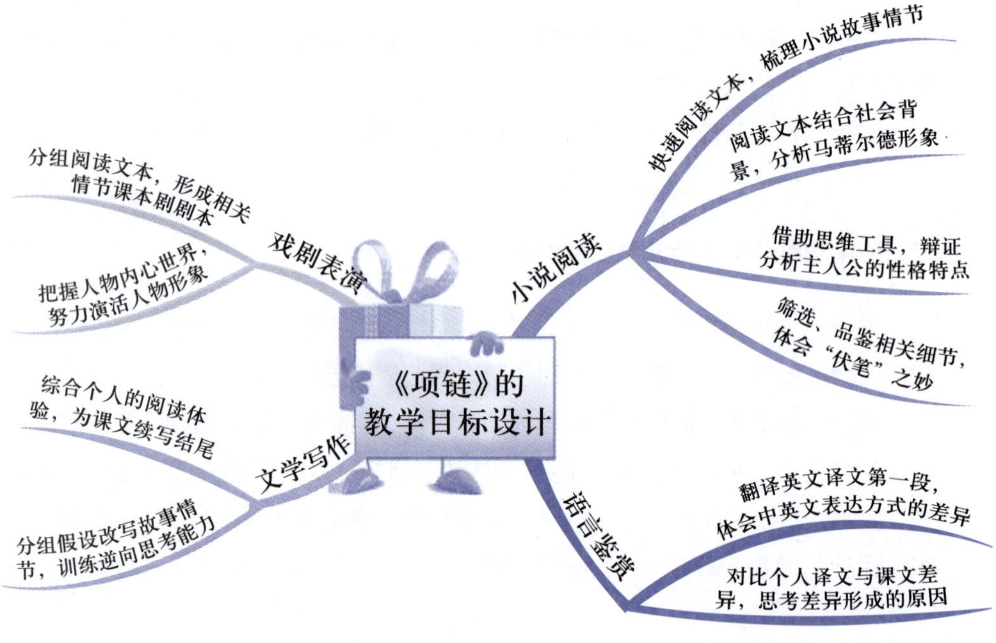

计，结果如图5-3-4所示。

第二，填空式。在根据课程标准对教学目标的要求开展教学设计时，教师可以使用填空式方法设计教学目标。以小学语文课文《荷塘月色》为例，教师利用思维导图，将学生应形成的识记、理解、应用等认知水平与核心知识一一进行匹配，设计出图5-3-5所示的具体教学目标。数、理、化、政、地等学科的教师亦可采用此方法。

第三，改写式。在设计改写式教学目标时，教师需要仔细研读课程标准要求和教材内容，联系实际生活，根据学生情况，设计恰当的教学目标。以高中思想政治“神奇的货币”的教学目标设计为例，教师在研读课程标准后，先把课程标

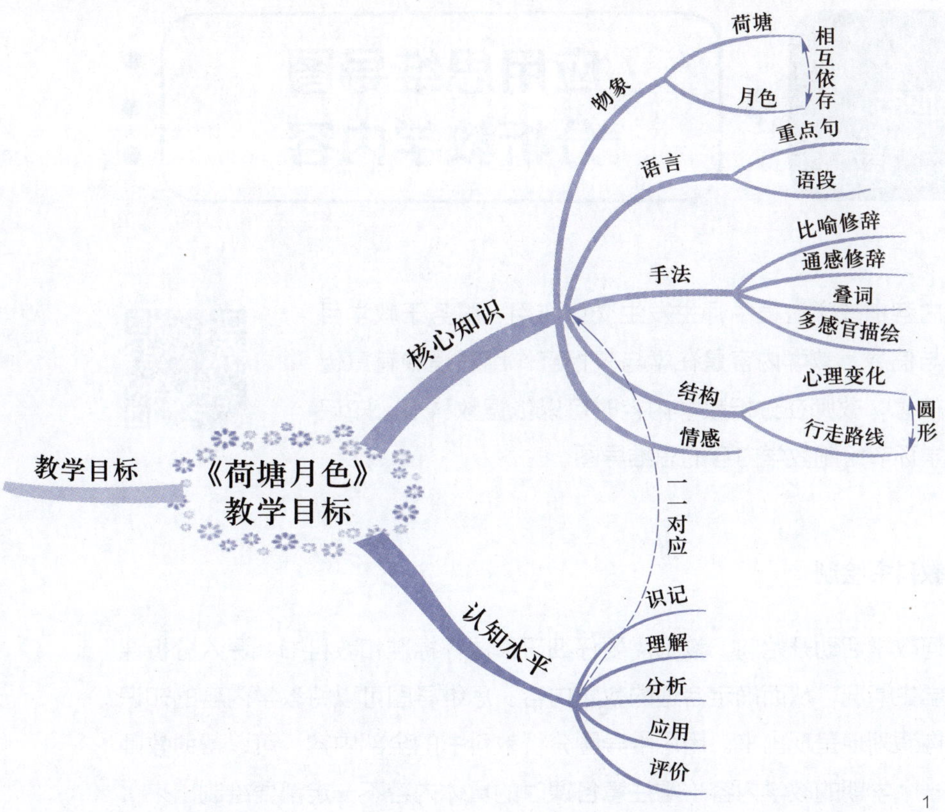

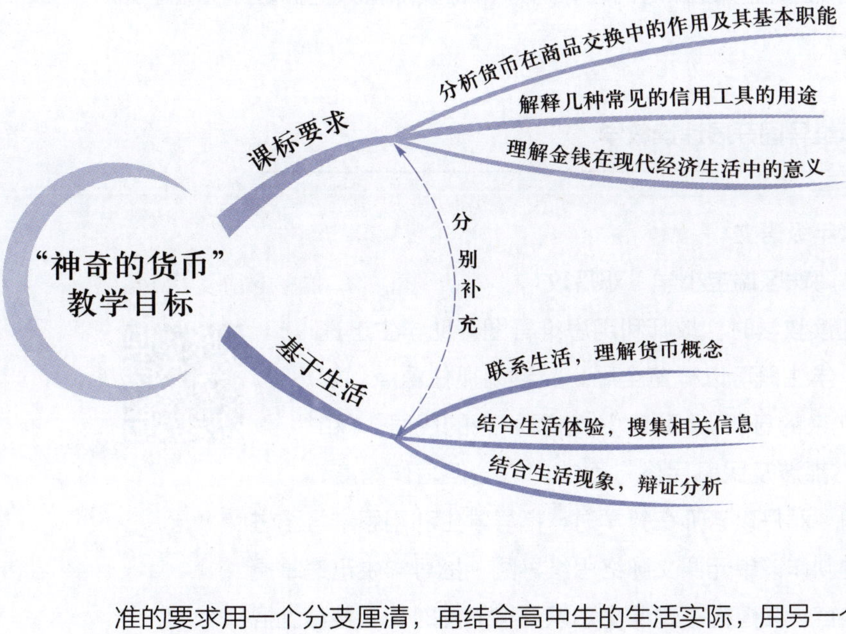

1>图5-3-5 用思维导图填空设计《荷塘月色》教学目标

2>图5-3-6 用思维导图改写“神奇的货币”的教学目标

准的要求用一个分支厘清，再结合高中生的生活实际，用另一个分支逐一对应地提出更具体的课堂教学目标，最终结果如图5-3-6所示。

教学目标是教学的出发点和归宿，教学目标规定着教与学的方向。思维导图可以帮助教师整体把握教学目标。教师在明确主要教学目标后，可以通过逐级填写子分支，清晰有效地将教学目标具体化、明确化。上述方法可以根据具体情况综合应用，从而确定最恰当的教学目标。

第四节

应用思维导图分析教学内容

教学内容指教学过程中师生发生交互作用、服务于教学目标的素材与信息。教学内容是在学与教相互作用过程中有意传递的主要信息，教师在分析教学内容时可以依据教科书、知识类型、教学环节绘制教学内容的思维导图。

思维导图在教学内容整理中的应用

一、依据教科书绘制

在任何教学活动开始前，教师需要仔细研读课程标准和教科书，深入分析课程特点和学生情况，从而确定合适的教学内容。思维导图可以将教学内容的知识框架和结构清晰地呈现出来。用思维导图分析教科书的全部内容，可以帮助教师整体把握一个学期的教学内容（需注意各课时的具体内容不一定都要绘制出来）；用思维导图分析单元教学内容，可以帮助教师把握单元内各节课之间的内在联系和详略安排；用思维导图整理课时内容，可以帮助教师有效把握教学重点、难点，明确教学思路。

案例：应用思维导图开展速读教学

> 课程：小学六年级语文

> 教师：广州市海珠区瑞宝小学　邓丹玫

在开展语文速读教学时，教师利用思维导图帮助学生迅速整理出教学内容，学生既可以概览全局，又容易抓住重点。如小学语文课文《北京的春节》《藏戏》《各具特色的民居》《和田的维吾尔》虽然都涉及民风民俗方面的内容，但写作角度、写作方式都不相同。邓丹玫老师在教学时，指导学生利用思维导图进行快速阅读，通过创作该单元课文脉络思维导图，指导学生迅速掌握各篇课文的主要内容，在建构每篇课文知识结构的同时，从整体上把握四篇课文之间的联系与区别，训练学生的分析、鉴赏能力，如图5-4-1所示。

思维导图在速读教学中的应用

1>图5-4-1
用思维导图开展速读教学

【教学设计】

一、学生情况

1. 学生具有一定的自学能力，能自主识字学词，大致把握课文的主要内容，有效提取信息，并对课文中不理解的地方提出疑问。在整体感知单元内容、进行简单分类的速度、理解深度方面有待提高。

2. 学生已掌握简单的思维导图的制作与使用方法，知道如何借助思维导图开展初步的自学活动。

二、教学内容情况

本课是第二单元的第一课时，教师引导学生初读整个单元，感知单元学习内容，明确单元学习目标。

本课主要有以下三个方面的教学要求。

（1）阅读内容较多，要求快速默读，把握四篇课文的大致内容，并做简单分类。

（2）结合阅读内容，较为正确且全面地理解“民风民俗”的内涵。

（3）将阅读经验与生活经验相结合，拓展思维，罗列在生活中接触到的民风民俗。

对于六年级的学生而言，自主阅读并把握课文内容的难度不大，他们对于“民风民俗”这个主题也并不陌生，但是阅读速度有待提高，思维容易停留在事物表面。借助思维导图，学生能更快速地掌握四篇课文整体内容，拓展思维的深度和广度。

三、在教学中应用思维导图的目的

1. 初步构建整个单元的内容框架，为学生快速把握单元内容提供支架。

2. 将单元内容可视化，为学生理解单元主题“民风民俗”的内涵提供帮助。

3. 扩展学生的联想——由课内联想到生活。

表5-4-1是本课时的教学设计。

1 1>表 5-4-1

小学六年级语文单元速读教学设计

教学环节	教学内容	教学目标	思维导图应用说明
导入新课，明确目标	1. 观看纪录片片段，引出第二单元教学内容。 2. 默读单元导读，画出学习任务。 （1）了解各地、各民族的民风民俗。 （2）体会作者是怎样表现民风民俗特点的。 （3）就自己感兴趣的某个方面开展调查活动。 3. 把握主题——民风民俗	任务驱动，把握单元主题，确定学习目标	通过阅读单元导读，找准思维导图的中心词——民风民俗
绘制导图，把握内容	1. 自读课文《北京的春节》。 （1）自由默读，了解大意。 （2）把握本篇文章的类别和内容——节日习俗，自由绘图。 （3）指名汇报；教师将已拍摄的学生绘制的思维导图上传至白板，集体交流，相机板书。 （4）学生修改自己的思维导图。 2. 运用以上方法快速自读本单元其他课文，并绘制如下思维导图。 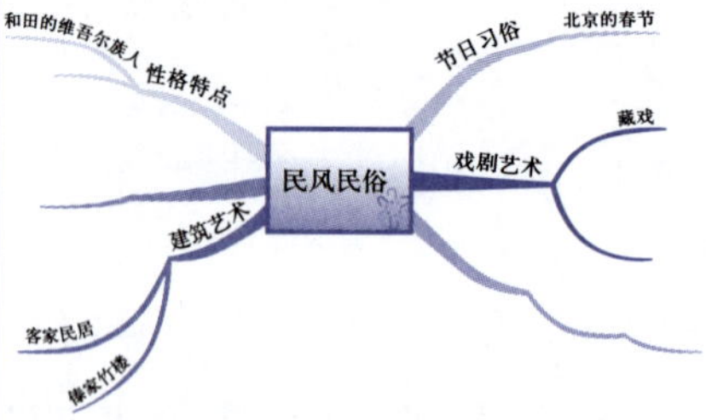 3. 快速浏览本单元其他内容（“阅读链接”“交流平台”“日积月累”等），绘图。 4. 小组交流，拍摄、上传作品，集体讨论，板书。 5. 结合各篇课文的内容，请学生说一说对主题“民风民俗”的理解，指名汇报。 6. 回顾单元学习任务：写了什么？怎样写的？	了解各篇课文的大意，把握大致类别	1. 借助思维导图，完成对单元内容的快速感知。 2. 将单元内容与布局可视化，并进行分类；借助思维导图，自主搭建单元的认知架构。 3. 为理解单元主题“民风民俗”的内涵和涉及范围提供帮助
完善导图，拓展延伸	1. 借助思维导图搭建阅读与写作的桥梁：结合阅读感悟，联系生活实际，展开联想，自由补充导图的内容。 2. 集体交流，头脑风暴，进一步补充完善以下思维导图。 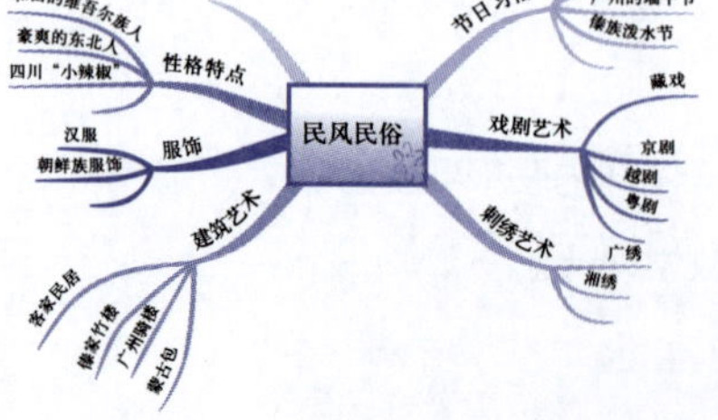 	1. 深化对主题的认识。 2. 了解调查活动的内容和方式	打破思维定式，引导学生通过增加空白线条、提问题、增加图像等，使思维活跃起来，进一步理解单元主题“民风民俗”的内涵，并且找到调查活动的方向

续表

教学环节	教学内容	教学目标	思维导图应用说明
完善导图，拓展延伸	3. 凭借思维导图深化对主题“民风民俗”的理解，指名汇报。 4. 回顾学习任务：开展调查活动。 思考：（1）你对哪些民风民俗感兴趣？ （2）围绕你感兴趣的民风民俗，可以怎样开展调查活动呢？	1. 深化对主题的认识。 2. 了解调查活动的内容和方式	打破思维定式，引导学生通过增加空白线条、提问题、增加图像等，使学生思维活跃起来，进一步理解单元主题“民风民俗”的内涵，并且找到调查活动的方向
导图促学，布置作业	1. 小结，请学生谈谈本节课的收获。 2. 布置作业： （1）预习《北京的春节》，思考文章围绕“北京的春节”写了什么，是怎样写的，并绘制思维导图。 （2）用思维导图绘制一个节日习俗的调查方案，并将调查结果分别用文字和思维导图呈现	根据单元目标开展课文预习和调查活动	运用思维导图进行个性化预习，尝试快速把握单篇课文的内容与脉络

二、依据知识类型绘制

除了依据教科书分析教学内容以外，教师还可以依据知识类型进行分析。张老师在中考复习课中，利用图5-4-2，带领学生梳理了四种文体的写作特点。

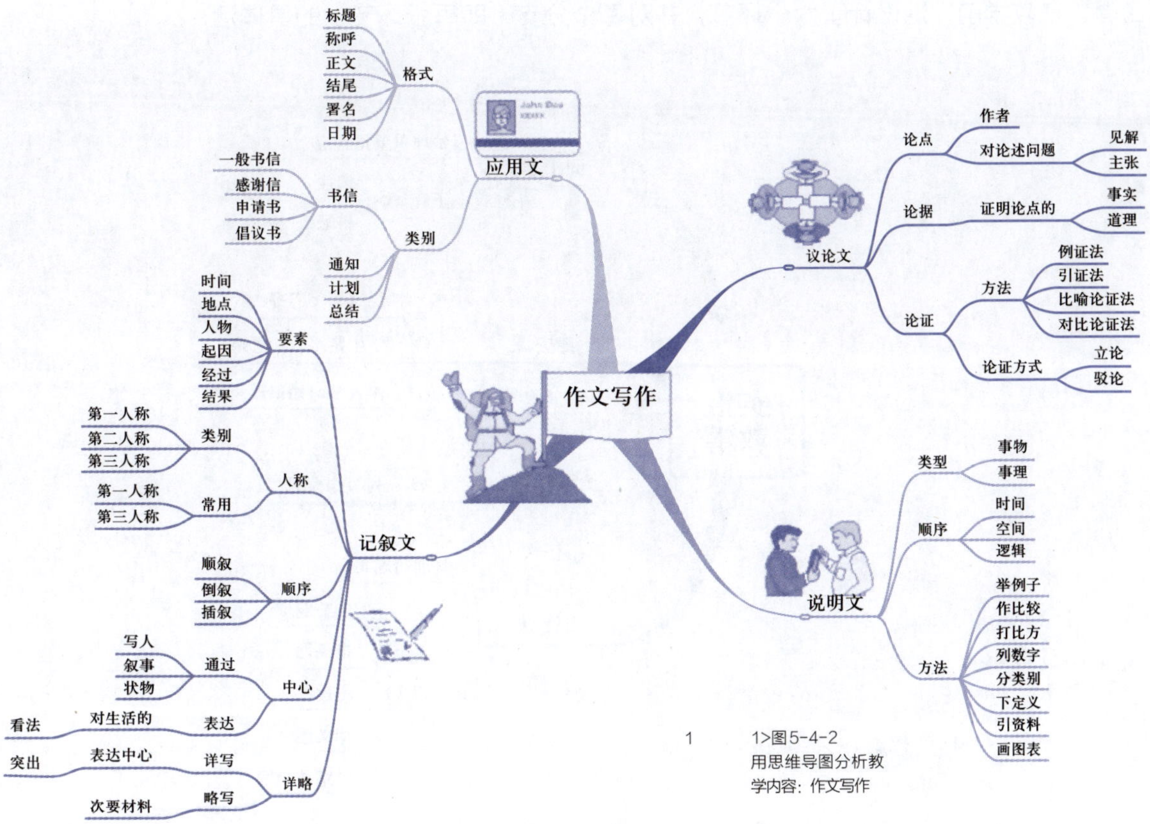

1　1>图5-4-2 用思维导图分析教学内容：作文写作

张老师通过思维导图各个分支的层层展示，引导学生总结每种文体的特点；在完成四种文体的复习活动后，学生将四个分支上的内容进行比较，以更好地厘清不同文体的异同，掌握写作的知识点。广东省河源市东埔中学英语老师张彬则根据教学内容的不同，设计了图5-4-3。如果是词汇学习课，教师可以利用思维导图整理出重要的语言点，以帮助学生全面了解词的词性和搭配；如果是语法学习课，可以利用思维导图呈现教学内容，以利于学生紧跟教师的教学思路，逐步深入学习相关知识点；如果是写作课，可以引导学生利用思维导图列出写作提纲，然后小组合作提出写作素材；如果是阅读课，可以引导学生利用思维导图整理阅读理解题的错题，并认真反思自己在细节题、推测题、主旨题、词义题和篇章结构题中出错的原因。

三、依据教学环节绘制

应用思维导图组织教学环节

教学活动是一个由前后衔接、相互关联的若干个环节构成的完整的系统的过程，除了上述两种方式外，教师还可以根据教学环节整理教学内容。用思维导图组织教学过程，教学活动的各个环节将以分支的方式清晰、直观地呈现，这样既便于教师调控各环节的进程安排，又能帮助教师避免遗漏教学活动的某些环节或要素。

曾倩倩老师在教授“物态变化”复习课时，将思维导图作为教学过程的组织工具。在教学前，她设计了六个环节，并对每个分支（即每个环节）的具体活

1

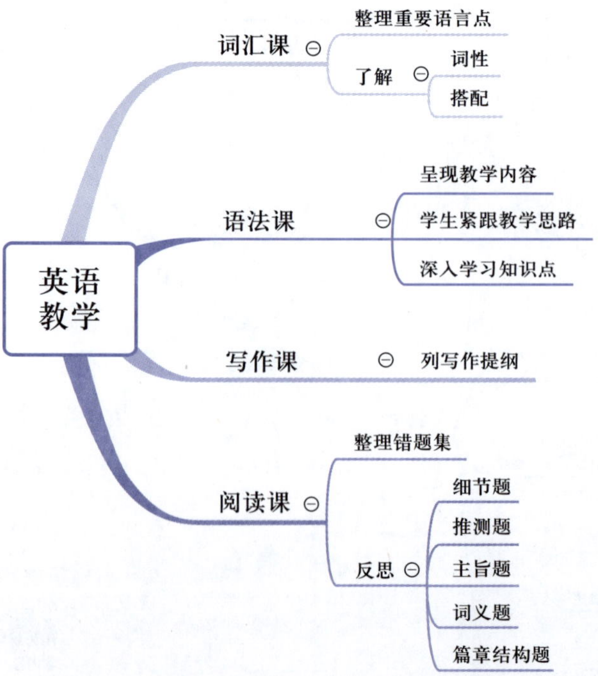

1>图5-4-3
“英语教学内容”
思维导图

动进行了详细设计，使各教学环节环环相扣，又相对独立、明确可见（图5-4-4）。借助思维导图设计教学活动，曾老师可以轻松地统观整节课六个环环相扣的教学活动，把控每个环节的具体活动内容和方式，以及时间进度等。这样不仅使整节课的教学活动可视化、直观化，而且有利于教师在教学过程中根据具体情况随时调整教学活动。

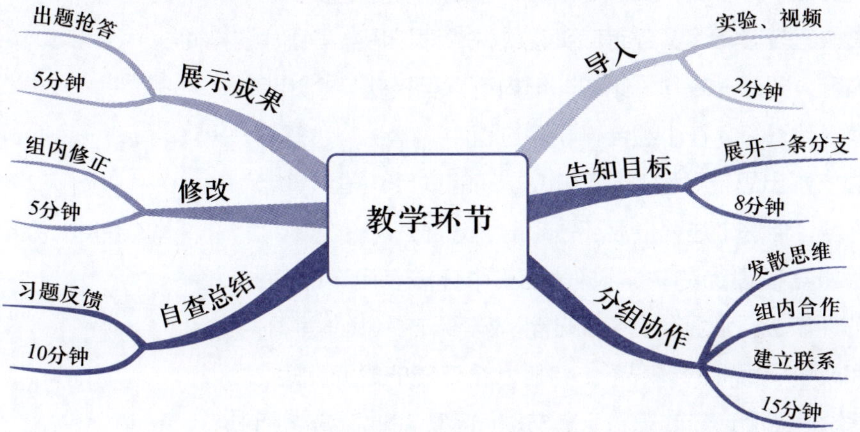

1>图5-4-4
“物态变化”复习课
教学环节思维导图

【案例】名称：“物态变化”复习课

> 课程：八年级物理课

> 教师：广东省佛山市容里中学　曾倩倩

一、课前用思维导图设计的六个教学环节

1. 导入（2分钟）。学生观看冰块加热变成水，继续加热变成水蒸气的实验视频，调动学习的积极性和兴趣，明确目标，在学习之初就以最佳的学习状态进入。

2. 告知目标（8分钟）。以对其中一个分支的展开作为范例，教师进一步明确重难点，为下一个环节进行铺垫。

3. 分组协作（15分钟）。学生主动复习，建立知识间的联系，在合作中培养能力。

4. 自查总结（10分钟）。学生完成教师出的几道测试题，在暴露问题后，教师指出症结所在。

5. 修改（5分钟）。组长带领组员检查复习中不到位的地方和遗漏的地方，修改、完善分支，然后对错题进行反思。

6. 展示成果（5分钟）。组间竞赛，检查复习效果。

二、课堂的教学实施过程

在教学实施中，曾老师围绕图5-4-5所示的“物态变化”知识开展教学活动。前两个环节按照预期的设计顺利进行，重点内容重点复习，学生做好标记，讲练结合。

到了第三个环节——分组协作，学生根据教师出示的“熔化和凝固”的范例，小组合作完成“汽化和液化”“升华和凝华”两个分支。有了“熔化和凝固”分支的铺垫，每个组都会按教学目标的要求详略得当地进行复习。例如，对于简单知道的内容，小组成员在组长的带领下一起看教科书快速复习一遍，或者口头说一说；对于思维导图中属于必须掌握的内容，要深入复习。比如，组内可以互相就某个知识点提问，然后大家一起解答。在小组合作学习过程中，学生一边复习讨论，一边还要协作画出思维导图，厘清知识之间的联系。虽然曾老师也在留意时间进度，但这个过程最后还是超时2分钟。

依据课前用思维导图设计的教学过程，第三个环节多用了时间，只能想办法在别的环节进行调整。曾老师看着教学环节的思维导图，很快确定在保证完成教学目标的情况下，将第六个环节的时间缩短2分钟。为什么不缩短第四个环节或第五个环节时间呢？对此，曾老师

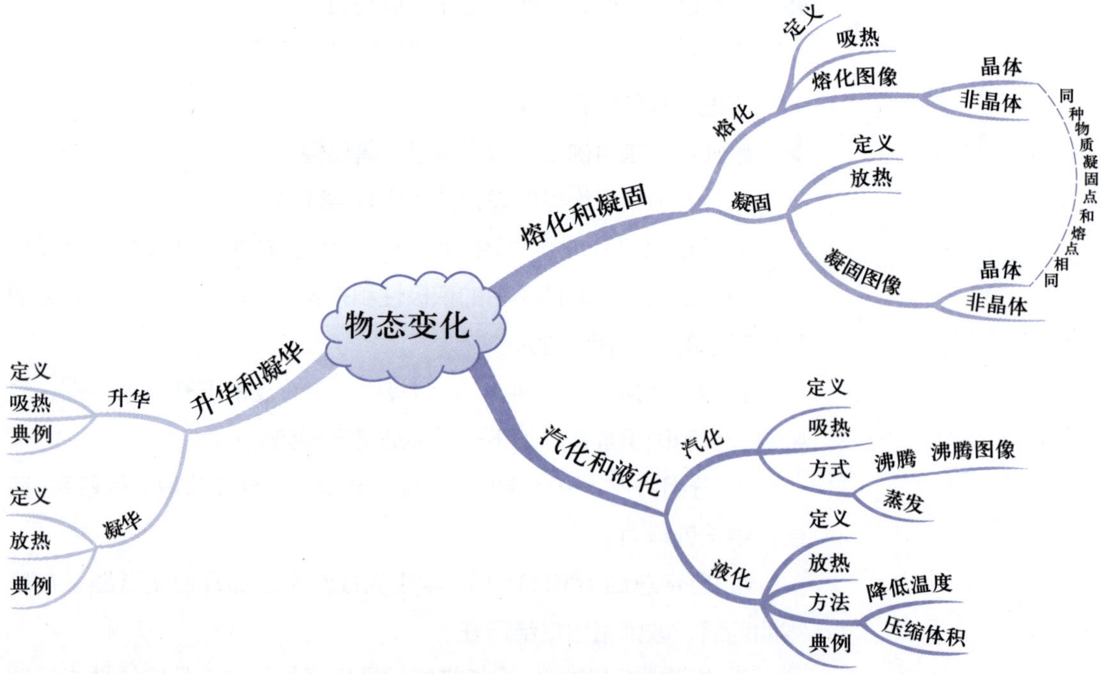

1　　1>图5-4-5
“物态变化”知识
思维导图

进行了充分考虑：学生做自查总结的时间要充分，才能保质保量地完成学习任务，因此，自查总结环节的时间不宜压缩。第五个环节修改思维导图,是个比较重要的协作学习的过程，学生通过自查会发现一些薄弱点、易错点或疑问点，通过小组协作共同修改，才能及时解决问题。如果这个环节的时间压缩了，各小组会有遗留问题，课后还需要重新约定时间，这样一来有些小组的问题会不了了之。一名小组成员掌握不彻底的地方,通常也是大多数学生的易错点。而第六个环节是展示成果，属于强化活动，完全可以由学生课后自主完成。

总体来看，如果课前没有用思维导图设计教学环节，曾老师就难以迅速优化随后的教学进程，思维导图使教学的各个环节逻辑清晰，又方便教师随时调控。

用思维导图引领教学过程，既方便教师把控教学过程，又有利于学生借助思维导图了解教学内容，积极思考和主动参与教学活动，并能随时了解当前教学内容所处的位置。

家长会是一项综合性的教育活动，涉及的对象复杂，内容繁杂，有教师用图5-4-6设计了家长会的整个活动，将复杂的工作清晰化，从而轻松地准备好了各个环节，把握住了家长会的进程。

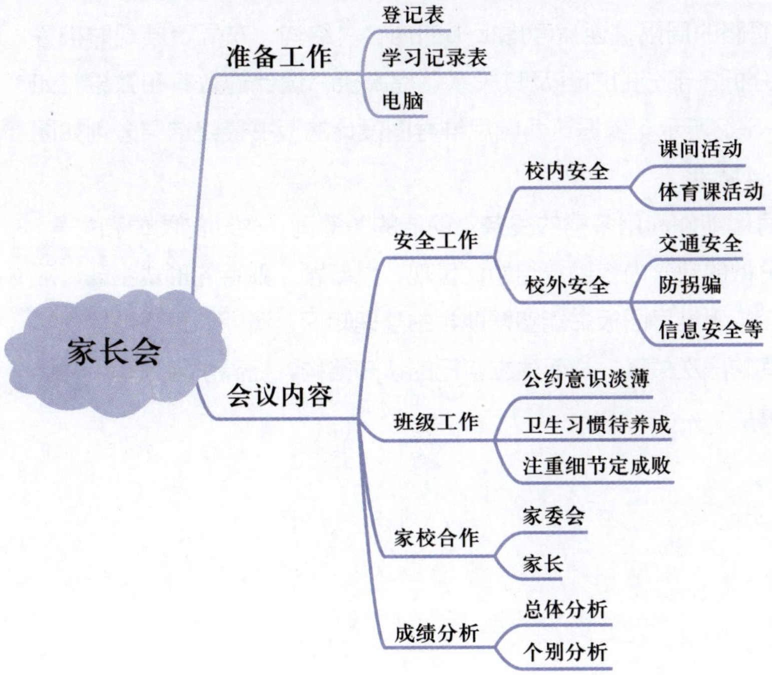

1
1>图5-4-6
“家长会”思维导图

第五节

应用思维导图设计板书与课件

教师在确定了教学目标与教学内容后，就可以着手设计板书与课件了。

一、板书

思维导图在板书中的应用

分析板书的视角不同，对板书的认识也就有差异。从动态视角来看，板书是教师在黑板或白板上传递教学信息以帮助学生学习的教学行为，是随着教学活动的进程逐步展开的教学活动；从静态视角来看，板书是教师在教学过程中为帮助学生掌握知识，在黑板或白板上用简洁的文字、符号、图表等方式呈现的教学信息。本节我们主要从静态视角分析如何应用思维导图高效设计板书。

思维导图既可以作为板书设计的手段和工具，也可以作为板书设计结果的呈现形式。无论是哪种应用方式，都必须注意深刻领会板书在教学中的作用与价值，这样才能在应用过程中借助思维导图更好地发挥板书的作用：刺激学生的视觉通道，引起学生注意；呈现学习内容的要点或结构，促进学生思维能力的发展；为学习活动提供线索，巩固记忆。

教师将思维导图作为板书设计的手段和工具，一是有助于教师抓住板书的重点内容，恰当处理不同内容在板书中的详略关系，突出重点；二是有助于教师摆脱线性设计思路的局限，通盘考虑板书的内容、结构、布局、展现时机等要素，方便比较分析各部分的内容及其关系，提高板书设计的效率和效果，如图5-5-1和图5-5-2所示。依据这两幅思维导图设计的板书最终结果分别如图5-5-3和图5-5-4所示。

可见，思维导图能够利用多样的线条、简洁的关键词、生动的图像和符号、丰富的色彩，把分散的教学内容进行结构化呈现，以新颖、独特的形式生动、形象地呈现板书内容。思维导图板书能够帮助学生整理知识，清晰、直观地呈现学习内容各部分之间的层次关系，从而建立自己的认知结构，提高学习效率，并促进思维能力的发展。

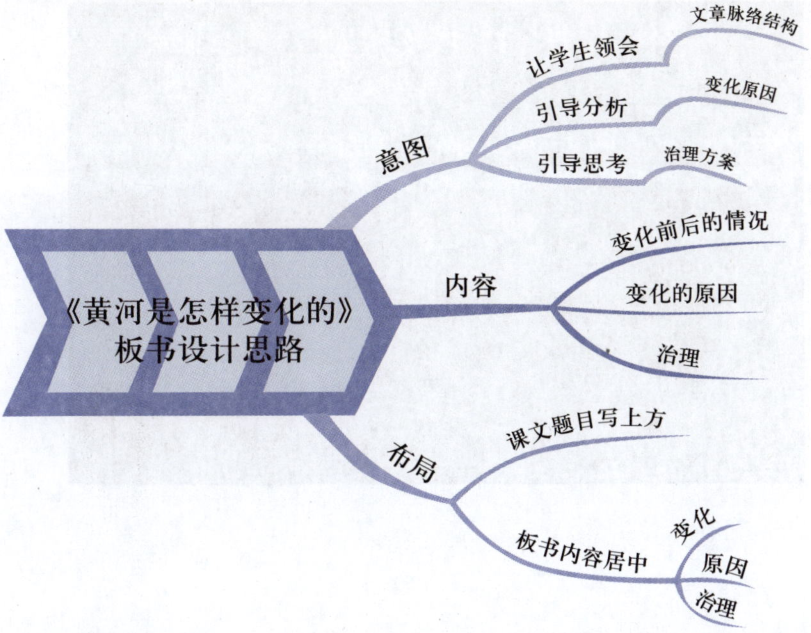

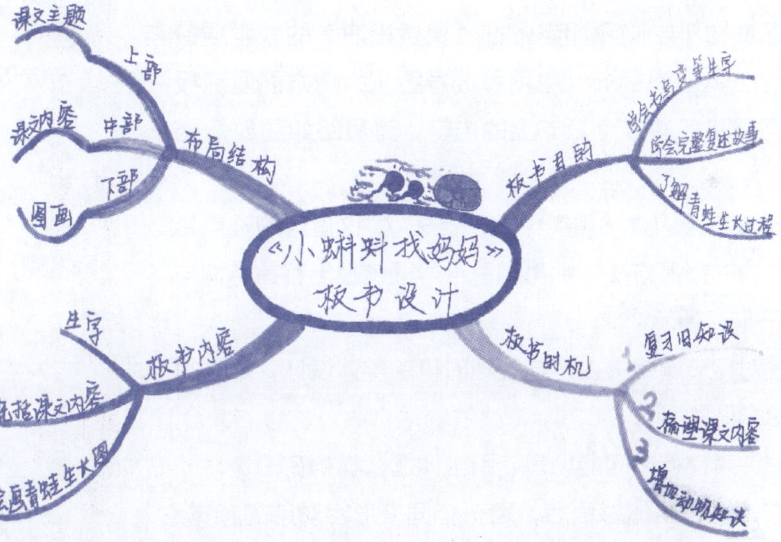

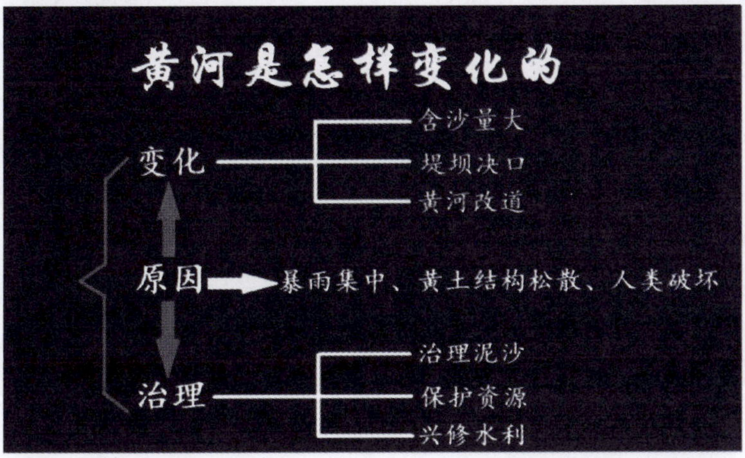

1>图5-5-1
《黄河是怎样变化的》
的板书设计思路
2>图5-5-2
《小蝌蚪找妈妈》
的板书设计思路
3>图5-5-3
以思维导图为设计
手段和工具形成的
板书:《黄河是怎
样变化的》

1

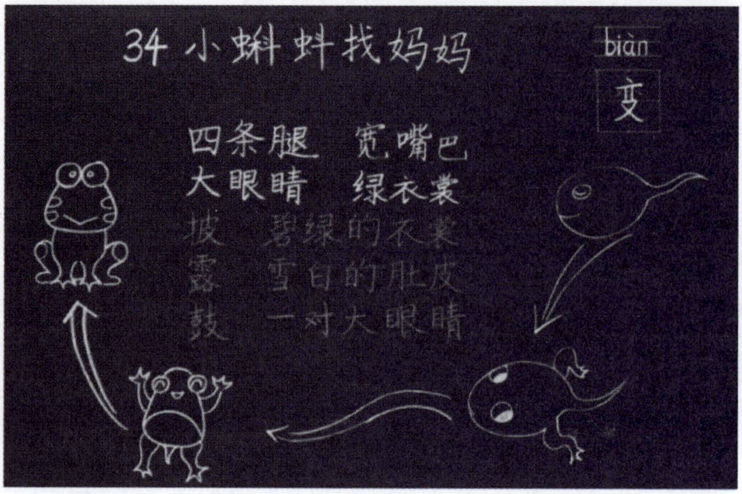

1>图5-5-4 以思维导图为设计手段和工具形成的板书：《小蝌蚪找妈妈》

案例：《枫桥夜泊》

广州市天河区冼村小学陈燕丽老师在《枫桥夜泊》的教学准备中，以思维导图为工具设计板书。她用思维导图从六个方面厘清板书的主体内容，再逐步完善各个分支上的内容，其思路如图5-5-5所示。

陈老师先梳理整首诗的教学重点（图5-5-6）。这首诗的难点是体会古诗中情景交融的抒情方法。她再用思维导图梳理出整首诗情与景的联系，如图5-5-7所示。

根据思维导图对整节课板书内容与展现时机的整体设计，陈老师在教学过程中是这样做的。

首先，创设对钟声文化追问的场景，引出课题：枫桥夜泊。

其次，学生在吟诵并整体感悟后，用一个词来形容对诗的感觉。根据学生的理解，陈老师相机在黑板左边写出其感悟的词，如寂寞、孤独、忧愁、凄凉。

再次，陈老师让学生小组合作品读为什么这首诗会让自己有这种感觉，画出诗中传递了这种感觉的词。陈老师根据学生的汇报，相机梳理学生从诗中“所见、所闻、所感”的景象有：月落、江枫、渔火、乌啼、钟声、霜满天。接着，陈老师继续引导学生走进诗人的创作背景，推测诗人产生这种感觉的原因可能是失意、动乱、想家。

最后，陈老师引导学生梳理板书上左边的情和右边的景之间的联系，情即景，景即情，由此形成了一种凄美的意境，表达了“思愁”的主题。陈老师点拨学生领悟这种借景抒情、情景交融的写作方法与艺术。

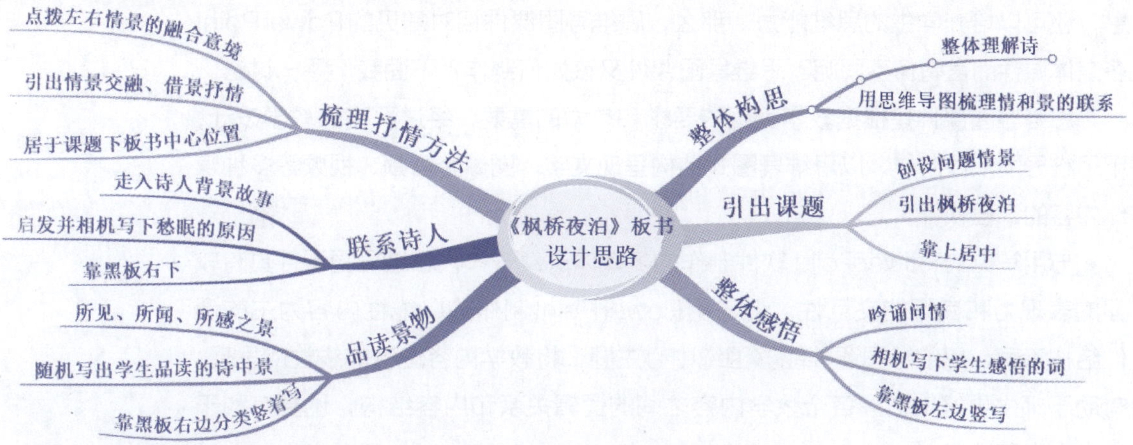

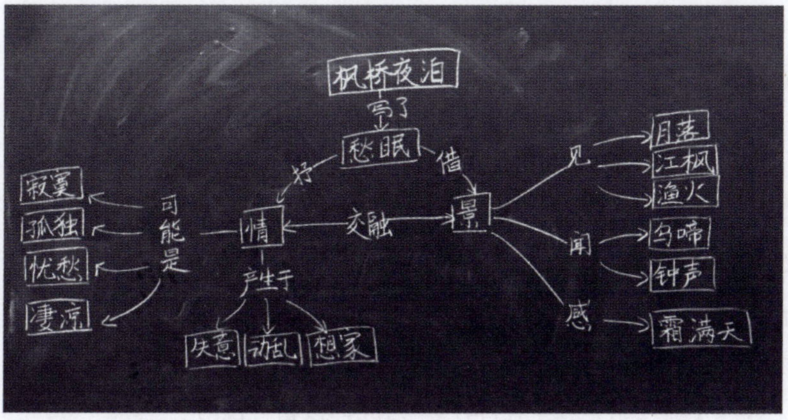

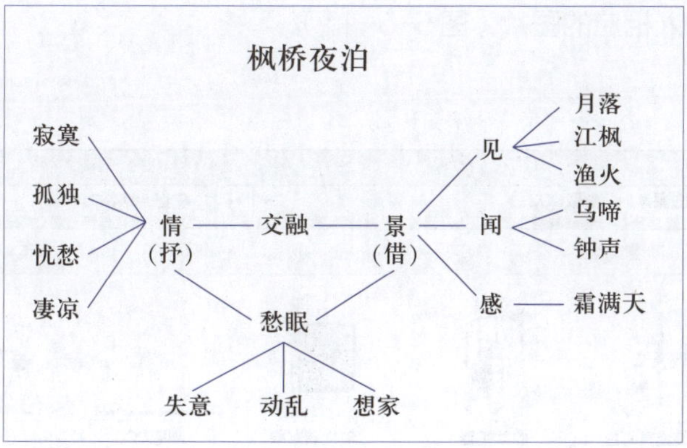

1>图5-5-5 《枫桥夜泊》的板书设计思路
2>图5-5-6 《枫桥夜泊》的板书（修改前）
3>图5-5-7 《枫桥夜泊》的板书（修改后）

二、课件

制作思维导图的课件

用思维导图制作课件，可以发挥思维导图软件的优势，使课件既能对教学内容进行全景化动态呈现，也方便教师随时对某个知识点进行焦点化展示。思维导图课件在教学中具有诸多优势，教师通过思维导图课件，不仅可以向学生传递教学信息，还可以培养学生的思维能力。那么，思维导图课件相对常见的PowerPoint多媒体课件而言有何不同呢？思维导图课件又该如何制作？下面我们逐一讨论。

思维导图课件是根据教学大纲的要求和教学的需要，经过严格的教学设计，用思维导图软件制作，以思维导图式结构呈现文字、图像、音频、视频等多种媒体内容的课程软件。

与用常见的PowerPoint软件制作的多媒体课件一样，思维导图课件具有较强的表现力和良好的交互性。但与用PowerPoint制作的以线性内容为主的课件结构不同，思维导图课件能够围绕中心主题，将教学内容进行非线性的呈现，有助于师生更好地把握各个教学内容之间的逻辑关系和内容结构，也更有利于突出重点和难点。

制作一个完整的思维导图课件一般有哪些步骤呢？我们以《CO_2的性质》课件为例进行说明。

（一）根据教学内容，准备相关素材

根据教学内容，准备制作课件需要的相关素材，即需要展示的相关教学资源。在这里我们需要准备的素材有化学反应方程式、相关图片以及各种化学反应的视频等，具体内容见图5-5-8。

（二）搭建课件的结构，确定一级分支

首先，利用MindManger新建一个空白的思维导图框架。教师根据教案确定课件的结构，输入中心主题：CO_2的性质；然后，添加一级分支（图5-5-9）。一级分支即这节课的主要内容，这节课的主要内容有六个方面；接着，在对应的知识点插入相应的教学资源，比如，在一级分支“验证CO_2”处插入视频（图5-5-10），在“制取CO_2”处插入相应的图片（图5-5-11）。

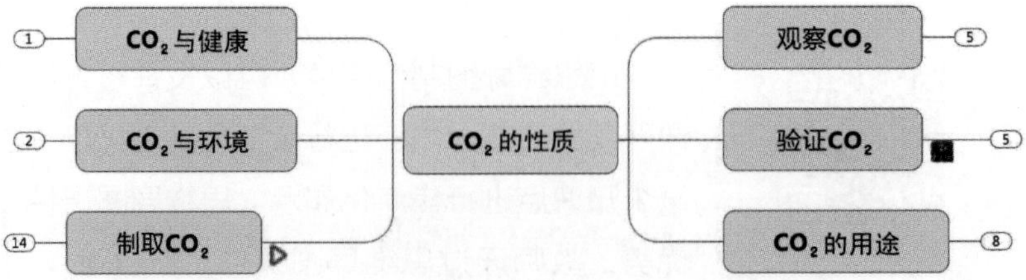

1>图5-5-8
准备的相关素材
2>图5-5-9
中心主题与
一级分支

（三）充实课件内容，完善各级分支

确定二级分支，完善课件内容。比如，一级分支“观察CO_2”下的二级分支为：CO_2是一种无色无味的气体，且密度比空气大。在“CO_2的用途”这一部分，教师可以根据课程设计对需要详细讲解的内容进行适当扩展，例如“CO_2的用途”分为制作碳酸饮料、创造舞台云雾及进行人工降雨、灭火、帮助植物生长四个部分，在思维导图课件中可以用三级分支、四级分支、注释或附件的形式进行延伸，若有多个链接，可依次插入。

“制取CO_2”这一部分，是本节课的重难点，在这里可以根据课程需要插入备注（图5-5-12）。

接下来每一部分的内容也是依此方式逐级添加。教师通过点击节点可以对思维导图内容进行伸展和折叠，节点上的编号说明了节点上所包含的分支数量。针对原理、药品、装置、步骤几个方面我们可以分别用图片、文字、附件的形式加深印象，让人看上去一目了然。这样设置的好处是讲课时可以一级一级演示，便

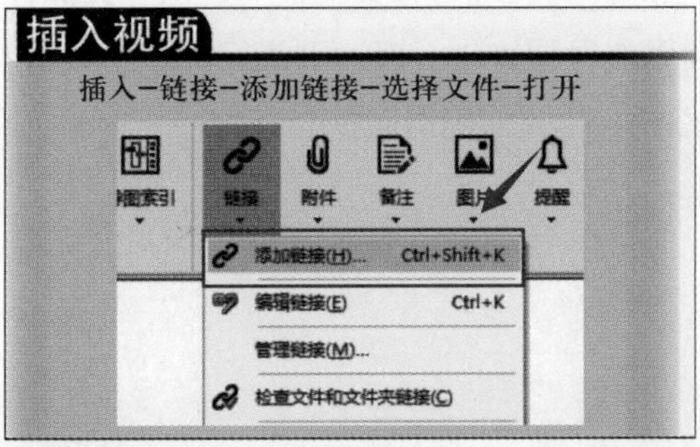

1

2

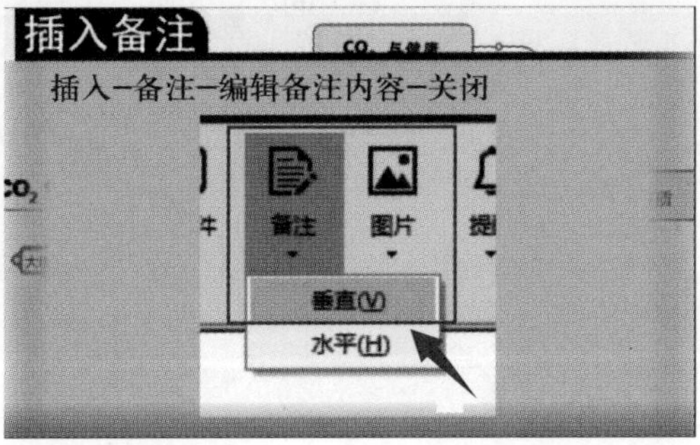

3

1>图5-5-10
插入视频
2>图5-5-11
插入图片
3>图5-5-12
插入备注

于学生在了解整体知识结构的前提下掌握当前知识点。

CO_2与健康、CO_2与环境这两部分属于扩展性内容，我们可以根据课程需要进行相应的延伸。比如，自然界中的循环即光合作用，光合作用原理是什么，等等。此处插入文档和插入视频的方式是一样的。

（四）修改和美化课件

在制作好思维导图课件后，要想最大程度发挥思维导图课件的功能与优势，修改与美化思维导图课件是必不可少的。那么思维导图课件应该怎么修改与美化呢？

首先，中心主题的背景图片应选择与CO_2的性质相关的。我们可以点击“应用”进行预览，并通过“选中主题→设计→主题样式→更改主题格式”菜单调整中心主题的图片。

其次，我们应注意分支的色彩搭配，关键词的选择要剔除重复、突出重点。

最后，适当添加图标，以增强思维导图的趣味性。

最终课件如图5-5-13所示。

（五）导出思维导图课件

如果要在教学过程中增强思维导图课件的表现力和交互性，建议将其保存为MMAP格式，并在教学电脑中安装思维导图软件，以达到最好的教学效果。MMAP是MindManager默认的保存格式，也是使用得最多的格式。

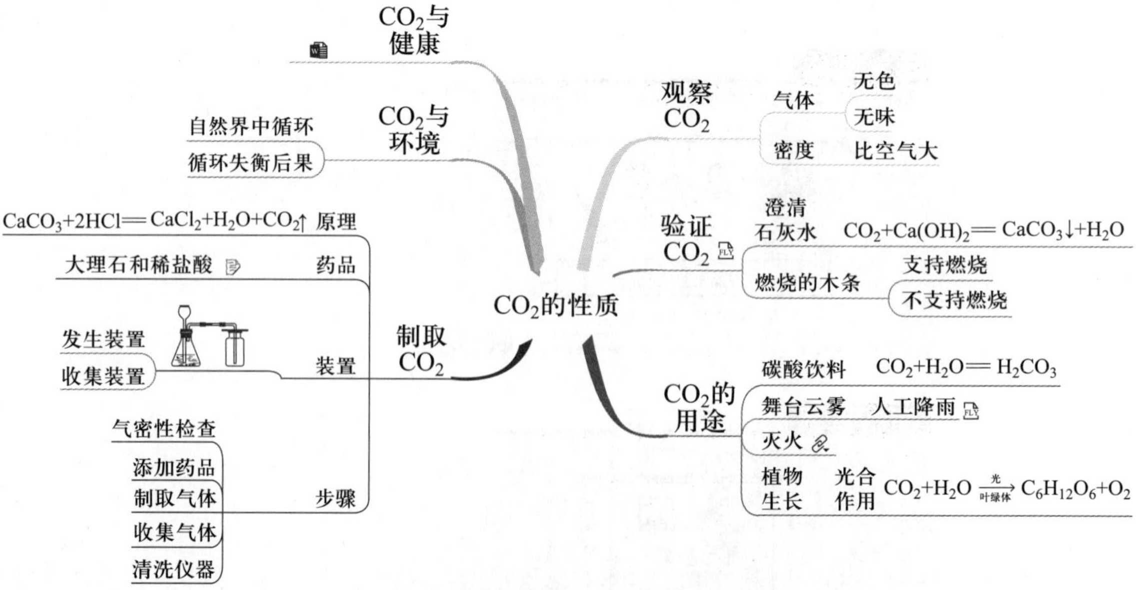

1　1>图5-5-13 修改和美化后的课件

很多人认为到这里思维导图课件就算完成了，其实不然。课件制作的过程，是一个不断完善和提高的过程，而且是一个长期的过程。教师在教学实践中发现了新的问题，需要补充有关内容，想要修改某种表述方式或是美化图形、图像等，都可以及时修改课件。

MOOC
学员有话说

幸福兔儿：

用思维导图备课能够统筹全局，课与课不再是分散孤立的，而是体系化的。整体备课时，可以把一本教材、一个单元或一个知识点梳理成一张张思维导图。用思维导图备课不是照搬教材或已有教案，而是对教学内容的整理加工。

白华：

以思维导图的形式备课比用文字备课更快、更有条理，方便教师和学生掌握全盘内容。用思维导图呈现的教案，容易修改且灵活，能在不断更新中更加完善。

第六章

思维导图在课堂教学中的应用

○ 学习提示

本章案例主要来自一线教师的真实教学实践，这些案例各有其优点与不足。在学习本章前，我们有如下提示。

提示 1：请你认真学习每个案例应用思维导图的方法与策略，相信这些案例都会给你带来或多或少的启发。

提示 2：本章提供了几份教学设计方案，希望能为你日后教学提供参考。在具体应用时，请你首先考虑本次教学是否适合应用思维导图；其次考虑应用思维导图的目的和作用，避免形式化、表面化地应用思维导图，这既不利于发挥思维导图的优势，还会误导他人得出思维导图无用的错误结论。

思维导图在
课堂教学中的应用

第一节

思维导图在
不同教学环节中的应用

在导入环节的应用
在讲授环节的应用
在小结环节的应用

第二节

思维导图在探究学习中的应用

在自主探究学习中的应用
在协作探究学习中的应用

第三节

思维导图在教学评价中的应用

在教学评价中的作用
在诊断性评价中的应用
在过程性评价中的应用

第一节 思维导图在不同教学环节中的应用

思维导图在课堂教学中的作用

虽然人们对思维导图在教学中的角色和作用有不同的认识，但是从本质上说，这些角色和作用是一致的，只是人们看待和分析的角度不同而已。

思维导图在教学中的角色可以概括为如图6-1-1所示的六种角色；随着教学进程的推进，思维导图在教学的六个方面有如图6-1-2所示的作用。

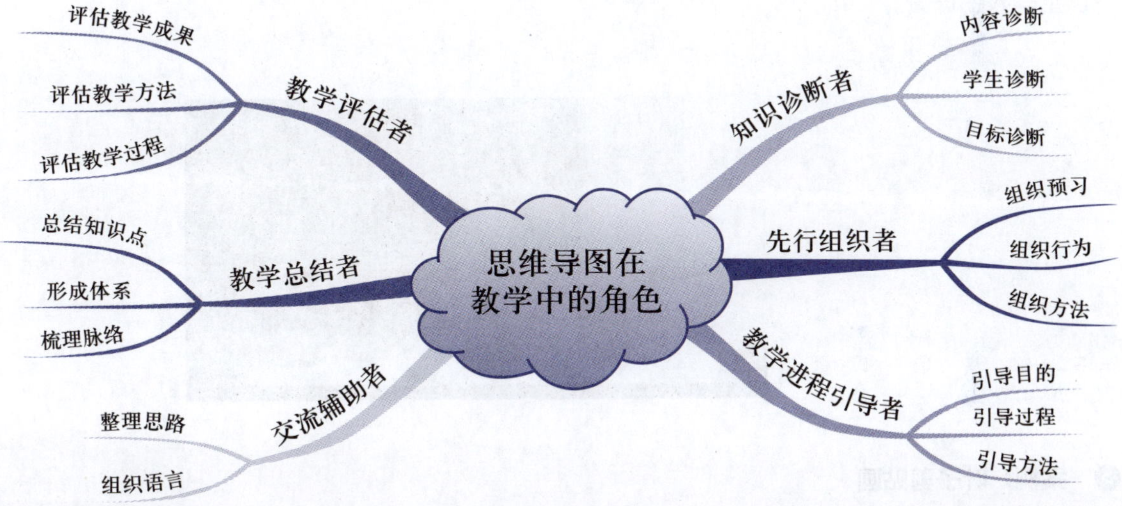

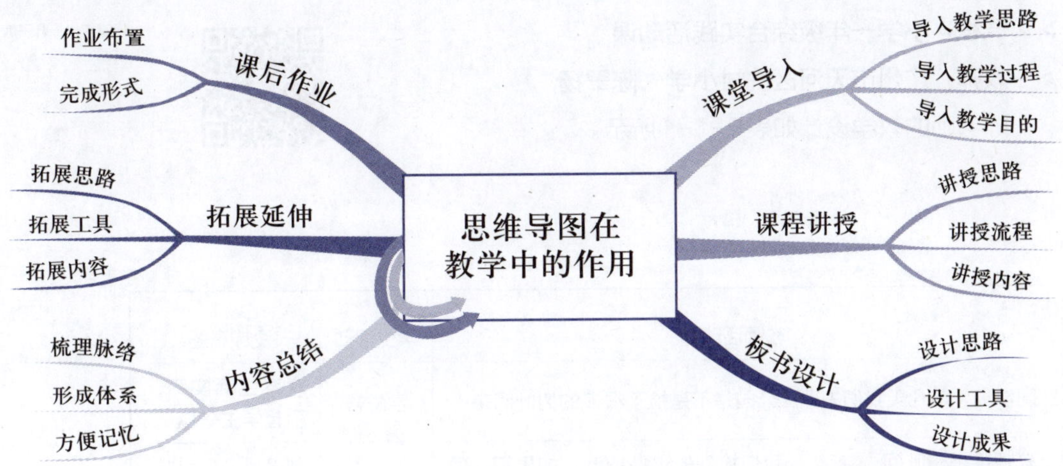

1>图6-1-1 思维导图在教学中的角色
2>图6-1-2 思维导图在教学中的作用

课堂教学实质上是教与学相统一的动态过程，通过活动促进学生发展是课堂教学最基本的价值追求。思维导图在课堂教学中具有多重作用，恰当应用思维导图，可以促进教学模式和教学方法的变革，增强学生思维的灵活性和逻辑性，培养学生良好的思维品质，提高学生思维活动的质量。

一、在导入环节的应用

课堂导入是激发学生学习兴趣，明确学习目标，营造良好学习氛围的关键环节。有效的课堂导入，能够增加学生积极思维活动的次数和强烈的求知欲，有助于学生顺利完成学习活动。应用思维导图进行课堂导入，可以快速激发学生的思维，教师既可以通过边讲边展示思维导图进行导入，也可以通过提问，一边引导学生思考，一边用思维导图整理分析思路。图6-1-3是陈老师利用思维导图进行课堂导入的场景。

1

1>图6-1-3
思维导图支持的
导入环节

案例：叶子剪贴画

> 课程：小学一年级综合实践活动课

> 教师：广州市天河区冼村小学　陈翠扬

陈老师的教学设计如表6-1-1所示。

课堂实录：叶子剪贴画

1　1>表6-1-1
“叶子剪贴画”教学设计——课堂导入部分

教师活动	学生活动	设计意图
同学们，前几天我们去珠江公园是不是捡了很多的树叶回来？	学生答	联系生活实际，引起学生兴趣
教师手举树叶问：“那么，我们捡到的这些树叶，如果不保管好，会发生什么样的情况呢？”	学生答	创设情境，引发学生思考

续表

教师活动	学生活动	设计意图
如果我们不保管这些树叶的话，就可能发生刚才大家提到的情况。那么，大家有没有什么保管的好办法呢？现在同桌讨论一下	学生讨论	鼓励学生发散思维
教师在黑板上用思维导图记录学生的回答，并引出本节课的教学内容： 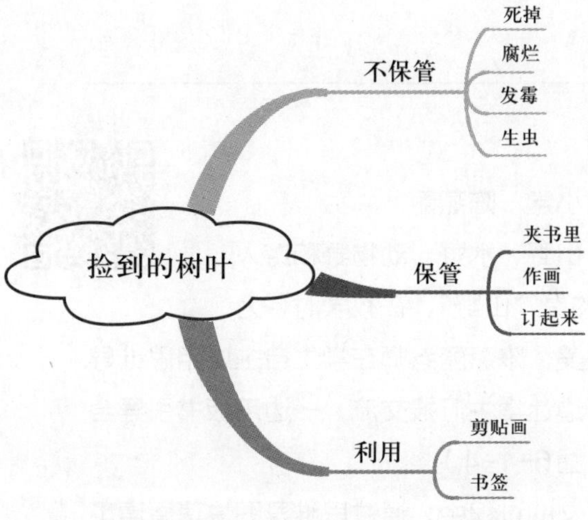	学生答	应用思维导图实现课堂导入

在课例中，陈老师紧扣小学综合实践活动课以培养学生创新能力和探究能力的教学目标，以思维导图为支架，通过“不保管”“保管”“利用”三种情况的假设，引导学生围绕捡到的树叶进行讨论。陈老师用思维导图记录学生的思考结果，既有效地引导了学生主动参与教学过程，又自然地实现了课堂导入。根据学生的回答，陈老师在黑板上逐步画出思维导图，向学生示范了如何从一句话中提取关键词，以此提高学生的概括能力。学生通过陈老师的分析不仅明确了“利用”是更好地发挥树叶作用的途径，也积极思考了制作剪贴画、书签的方法。在导入环节，陈老师用思维导图成功地激发了学生的学习兴趣并帮助学生明确了教学目标。

二、在讲授环节的应用

讲授是教师在教学过程中有意传递教学内容信息的过程，教学内容的呈现方式是否恰当，呈现策略是否合理，直接影响学生对教学内容的理解与掌握程度。教师用思维导图呈现教学内容，学生可以完整地看到一节课或章节学习内容体系，也可以清晰地识别当前知识点在学习内容体系中所处的位置，轻松了解新旧知识之间的联系，还可以快速判断课堂教学的重点和难点，从而更合理地分配注意力，进行有针对性的学习。

在课堂教学中，首先，教师可以用思维导图对教学内容进行全景式呈现，使学生轻松掌握当前内容在整个内容体系中所处的位置，有助于学生快速理解知识与知识之间的关系与层次；其次，教师可以用思维导图对教学内容进行焦点式呈现，帮助学生理解教学的重点和难点，提高认知效率；最后，教师还可以通过思维导图课件，对教学内容进行动态呈现，帮助学生迅速建立知识体系，形成自己的认知结构。

案例：《索溪峪的“野”》

> 课程：小学六年级语文课
> 教师：广州市天河区冼村小学　陈燕丽

课堂实录：《索溪峪的“野”》

《索溪峪的“野”》包含了山野、水野、动物野和游人野四种“野”。课文首先阐述的是“山野”，在教学时，为使学生深入理解索溪峪的野性美，陈燕丽老师在学生自主应用思维导图梳理文段内容的基础上，一边让学生汇报交流，一边用板书引导全班学生梳理文段的脉络结构（图6-1-4）。

学生在深入分析、理解课文的过程中，通过思维导图快速厘清了文章内容的脉络结构，并在自己与老师所绘制的思维导图的对比中，清晰地发现自己对课文的理解是否有问题。

（一）背景说明

授课内容选自课文《索溪峪的“野”》的第二段，该课文所在单元都是写景文章。这篇课文通过描写索溪峪的绮丽风光，赞颂了索溪峪天然的野性美，表达了作者畅游其间无比愉悦的心情。文章围绕山野、水野、动物野和游人野四个方面写索溪峪的“野”。课文在谋篇布局和描写上最突出的表达特点是：紧紧围绕题目，突出景物特点；运用先概括后具体的描写方法，结构严谨，一目了然。学习这些表达特点，对于学生在信息整合、表达方法、作文习作方面具有指导意义。

1

1>图6-1-4
用思维导图呈现教学内容

从学情上看，该班学生在阅读理解和表达技巧上是比较薄弱的。如果把平时的阅读理解分为阅读→搜索→提取→提炼→整合这样的流程，该班学生在提取关键词和句、提炼语言、整合观点上都分别存在不同的困难。提取关键词和句，需要学生胆大心细；提炼语言需要学生厘清语句关系，具有概括、变换、衔接的能力；整合观点需要学生有条理地将已提炼的语言表达出来。

把思维导图融入教学，一是为学生提供理解的支架，使学生的思维结构化、可视化；二是帮助学生检查自己的语言表达，从而达到提高语文能力的目的。

（二）教学设计

本案例教学设计如表6-1-2所示。

1 1>表 6-1-2
《索溪峪的“野”》教学设计

教学环节	教学活动	设计意图
开门见山	用PPT展示：索溪峪的山是“野”的，“野”在哪里？ 师：俗语说，开门见山，今天我们就从索溪峪的山开始学习。一起朗读第二段，并思考——索溪峪的山到底是什么样的？	点题
梳理脉络	师：自由默读全段，文段怎么写索溪峪的山是“野”的？用了什么表达方法？ 师：如果要提取关键词，整合观点，说清楚索溪峪的山的特点，可以用什么思维工具？	在选用思维导图的过程中，复习先概括后具体的表达方法
整理思维导图	学生深入阅读文段，随堂提取关键词，全班整理出如下思维导图： 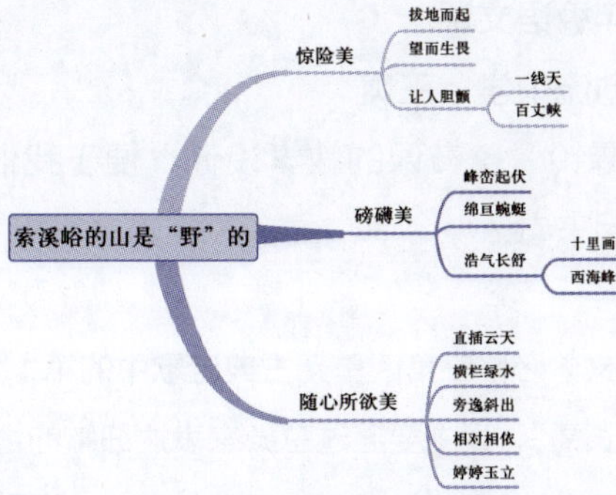 	学生通过整理思维导图，理解索溪峪的山的特点，教师给学生充分的自主学习机会
点评交流，学习提升	1.学生展示并汇报自己的思维导图，教师相机点评学生思维导图中的典型问题（预设：中心词和分支混淆不清，同级分支类型不同类等）； 2.学生根据教师点评，结合自己的问题，再修改或补充思维导图； 3.四人小组互相交流自己绘制的思维导图	思维导图使学生的思维结构化、可视化，在这个过程中学生要观照自己的语言和思维

续表

教学环节	教学活动	设计意图
整合观点	回顾思维导图，从分支的信息到中心词，得出索溪峪的山确实是“野”的。 师：索溪峪的山“野”在惊险的美、磅礴的美、随心所欲的美。 师：所以文章的“野”是什么意思？你是怎么理解的？请说说你心中的野性美是怎样的？	利用思维导图整合出一个能论证的观点，在论证过程中教师帮助学生观照自己的语言和思维
迁移学习	小结学习方法。 师：索溪峪的山是“野”的，文段是通过先概括后具体的方法写出它的“野”的。借助思维导图，我们学会了通过提取关键词来整合信息、说明观点的方法。整篇文章还写了哪些方面也是“野”的？请用同样的方式再学习全文。	帮助学生融会贯通、举一反三地迁移学习

三、在小结环节的应用

课堂小结可以让学生及时巩固所学知识，保持浓厚的学习兴趣；教师也可以通过对知识的系统归纳，突出教学重点和难点。应用思维导图进行课堂小结，有助于提升学生归纳、梳理知识的能力，增强学生对知识的认知，深化对内容的理解。

王爽老师在教授古典诗歌《雨霖铃》时，设计了个性化自主探究活动，在学生探究活动结束后，王老师及时利用思维导图进行了课堂小结，让学生既在比较中发现自己思考的优点与不足，又对该部分的课文内容有更全面的认知。

案例：《雨霖铃》教学设计

> 课程：粤教版高中二年级语文课

> 教师：广东省佛山市勒流中学　王爽

课堂实录：《雨霖铃》

我们在本节呈现《雨霖铃》整节课的教学设计，便于我们将整节课的教学过程联系起来看。

【教学设计】

《雨霖铃》是粤教版《语文》必修三第四单元古典诗歌中的第17课“宋词四首”之一。“诗言志，词长情”，词主要通过意象来表达细腻的情感。该词选择了一系列的经典意象来表达离别时的感伤与无奈，同时该词是婉约派的代表作之一，在教材中具有重要地位。

一、教学目标

1. 知识目标：品鉴诗词意象与情感之间的有机联系。

2. 技能目标：体验如何借助意象有效地表情达意。

3. 思维目标：能够进行思维迁移。

二、教学过程

四幅思维导图贯穿整个教学过程。第一幅图用在导入环节，旨在激发学生的兴趣。教师用一幅图帮助学生大致了解柳永的经历。第二幅图用在品味意象环节，学生不仅要找出离别三个时段的主要意象，还要品味其中的韵味。第三幅图用在经典探究环节，教师抓住一个“伤”字，既让学生完成了探究活动，又总结了整节课的内容。第四幅图用在拓展训练环节，学生借助意象有效地表情达意。

（一）导入（图6-1-5）

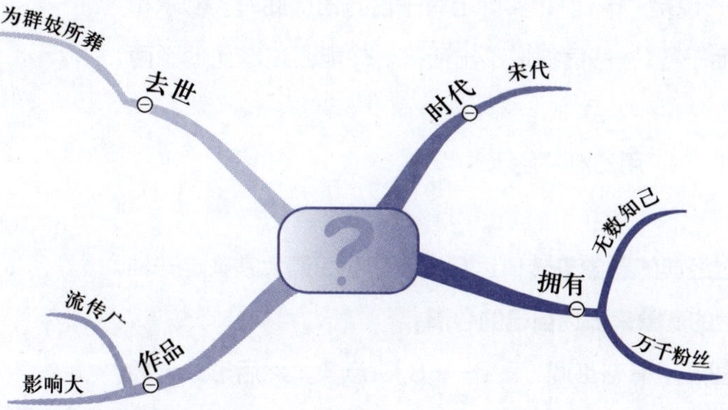

1>图6-1-5 课堂导入环节的思维导图

师：在宋代，有一位“男神”，他拥有知己无数，粉丝万千。他能让大家都吟诵他所填的词。他是谁？

生：柳永。

师：今天就让我们一起学习这位金牌词人所创作的“宋代十大金曲之一”——《雨霖铃》。下面，请同学们仔细听录音范读，体会词的情感，也可以跟着默读，边听边思考：词中哪三个字体现出词的主题？奠定情感基调的是哪个字？（出示PPT：伤别离→伤。）

师：人生有“七苦”，生、老、病、死、怨憎悔、爱别离、求不得。其中最苦的是“爱别离”，两个相爱的人，却要活生生地被分开，这是人们难以承受之苦。让我们带着感情一起读读《雨霖铃》，一起走进《雨霖铃》，触摸一下柳永的情感脉搏吧！

【设计意图：此课是借班上课，教师不了解学生，不熟悉学情，通过“男神”这一网络热词，意在拉近与学生的距离，引起学生对柳永及其作品的兴趣。】

（二）品味意象

“爱别离”往往要经历三个阶段：别离前的相恋之苦、别离时的分别之苦、别离后的相思之苦。请学生根据图6-1-6填写三个阶段的主要意象，并体味其韵味。此环节为学生抢答环节。之后，教师给出参考示例。

师：如果给这些意象重新分类，看看主题词左右两边的意象有何不同？说明理由。

【设计意图：设计此环节意在让学生加深对意象的理解，学会对意象进行归类，学会对思维进行整理，同时领悟虚实结合的艺术表现手法。】

（三）经典探究

师：不知大家注意到没有，柳永用大量的篇幅描写了离别前与离别后的场景，而唯独在离别时，仅用了两句“执手相看泪眼，竟无语凝噎”。可这寥寥两句竟成了经典，我们一起来品味一下。

1. 把“执手”换成“牵手”“握手”“扣指”，可好？为什么？（单数组）

2. 此时无声胜有声，说是“无语”，实际上有千言万语。此时，柳永和恋人“相顾无言，惟有泪千行”，悲痛得说不出话来。你能否试着代他说两句？（双数组）

探究后小结（图6-1-7），用幻灯片展示。

（四）拓展训练

整首词几乎都是通过经典的意象来传情达意的。下面，请大家确定一种情感基调，自选三种以上的意象来表达自己的心情。

要求：先用思维导图展示情感基调（图6-1-8）、意象，然后形成一段

1

2

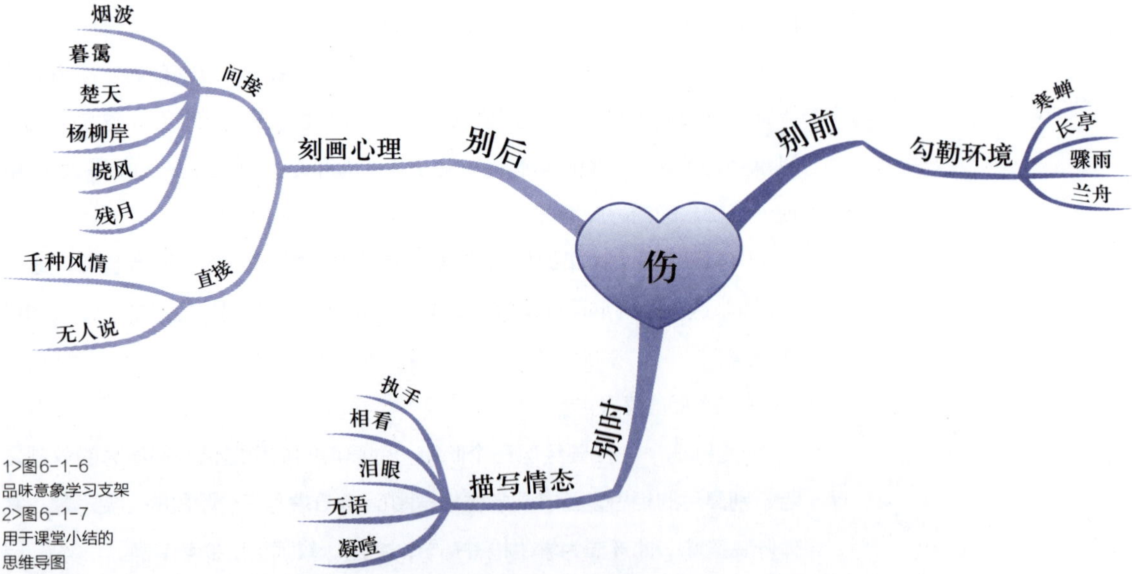

1>图6-1-6
品味意象学习支架
2>图6-1-7
用于课堂小结的
思维导图

图6-1-8 用于拓展训练的思维导图

文字。用诗体语言可适当加分。

（五）全课总结

何谓意象？意象是指诗歌中沉淀了作者情感的物象。柳永的一曲《雨霖铃》，抒写了千古离别情。历经时光打磨和岁月积淀的经典意象，让我们知道：人世间有一种分开叫离别，有一种感觉叫心痛，有一种情愫叫相思。

感谢柳永，给我们带来了说不完的离别情，道不尽的相思苦；感谢柳永，教会我们用意象来传情达意！

作业：请设想当柳永的恋人重到分别之地时的心情，自选一组意象，写一段话，表达她对柳永的思念之情（诗或文皆可）。

第二节 思维导图在探究学习中的应用

思维导图是用文字抓住灵感和洞察力的一种革命性的工具，它能提高个人学习的效率、创造力和组织能力。在课堂教学中，教师将思维导图作为认知工具，既可以促进学生深度思考和高效记忆，还可以促进学习模式变革。本节以自主探究、协作探究学习模式为例，介绍思维导图对探究学习的支持作用。

自主探究是在教师提出探究任务并给予一定指导的情况下，学生充分发挥自主性，进行的有目的、有计划的个性化学习活动。协作探究一般是指学生根据教师提出的要求，通过小组合作达成教学目标的探究学习活动，小组是协作探究学习的基本单位，协作探究的学习任务难度要比自主探究的难度大。自主探究和协作探究不仅需要学生的主动参与，还需要有效的探究工具支持。

在个性化的自主探究学习与小组协作探究学习中，思维导图既可以是支持学生探究活动的工具，也可以是支持探究结果呈现的工具，还可以是有效激发学生主动思考的工具。学生在整理和重组信息过程中，通过构建自己的知识体系，实现对知识的深层次理解。自主探究学习更注重对学生个体思维的训练，当学生水平差异较大时，会增加思维导图的使用难度。协作探究学习更有利于培养学生的协作精神，学生通过头脑风暴等活动可以发散思维，集思广益，提高学习效率。

在实际教学中，自主探究与小组协作探究这两种学习模式并非各司其事，而是互相联系的，甚至是互为支持的。例如，《黄河是怎样变化的》等案例，经过精心设计和组织，思维导图在教学时既可以支持学生的自主探究学习，又可以用来组织学生的协作探究学习。

一、在自主探究学习中的应用

思维导图可以支持学生在课前、课中和课后开展多种形式的自主探究学习活动。本节主要探讨在课堂教学中，如何以思维导图为认知工具，开展个性化自主探究学习。

一般教师可以根据所学知识或需要解决问题的难易程度来确定思维导图在探究学习活动中的使用策略。根据探究学习的实践经验，我们总结出应用思维导图开展个性化自主探究学习的七条策略，如图6-2-1所示。

第一，明确探究任务。教师首先要明确告知学生探究的任务与要求，激发学生学习的主动性，并让学生知道，学习不是被动接受知识的过程，而是一个自我

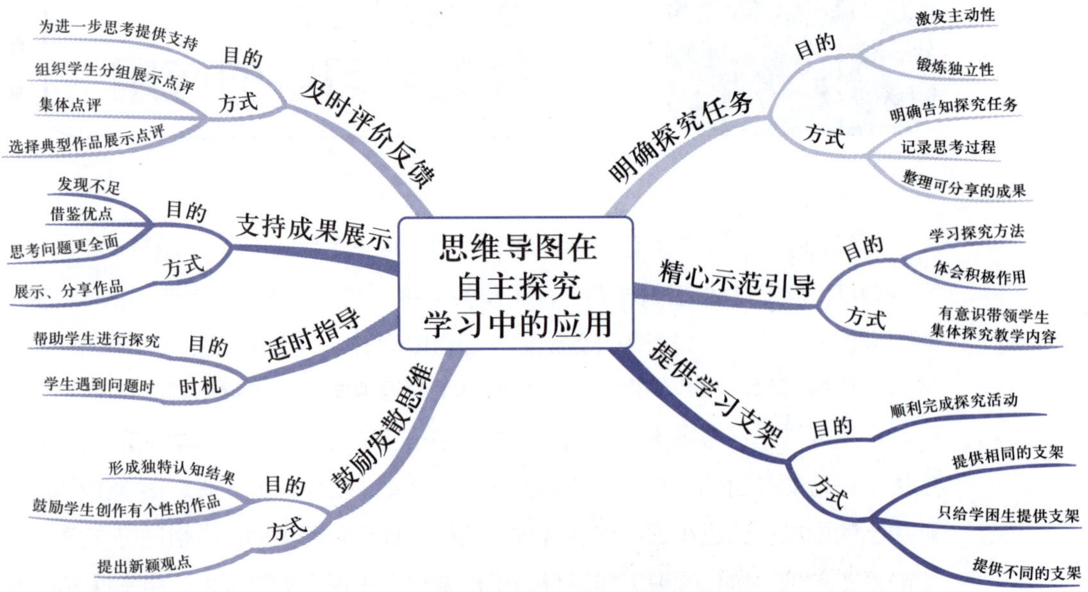

1 1>图6-2-1
思维导图在自主探究学习中的应用

管理、主动参与的过程。在这个过程中，学生要独立思考，用思维导图将自己的思考过程记录下来，并整理成可以分享的成果。

第二，精心示范引导。教师在课堂教学中，通过精心设计，可以有意识地带领学生用思维导图集体探究教学中的某些内容。例如，在案例《索溪峪的“野”》中，陈老师为学生提供了探究课文脉络结构的范例，使学生在观摩中学习了用思维导图进行探究学习的方法，并体会了思维导图的价值。

第三，提供学习支架。对于较难的内容，学生可能不知从何处着手，此时，教师可以提供思维导图的一级分支及个别分支的关键词，使学生能够借助这些学习支架，顺利完成探究活动。教师在提供学习支架时，可以采用不同的方法，既可以为全部学生提供相同的学习支架，也可以仅给部分学习困难的学生提供学习支架。这样学生根据思维导图中部分内容的提示，就能顺利完成探究活动。

第四，鼓励发散思维。探究学习的结果往往不是唯一的，而是有多种可能性的。每个学生的认知结构和思考角度不同，所创作的思维导图也会不同，教师要鼓励学生创作富有个性的作品，自由发散思维，以形成独特的认知结果，提出新颖的观点。

第五，适时指导。学生在独立开展探究学习活动时，往往会遇到事先未预料到的困难和问题，当学生难以解决时，教师应给予适当的指导，帮助学生继续进行探究，顺利完成学习任务。

第六，支持成果展示。在学生完成自主探究活动后，教师应支持、鼓励学生互相展示、分享自己的作品。学生在与同伴的分享中，可以检验自己思维的逻辑性是否合理，概括是否准确，思考是否全面，理解是否深入，同时还可以发现自己的其他不足。

第七，及时评价反馈。在学生完成思维导图后，教师可以选择多种方式进行点评，为学生提供及时的反馈信息，以支持学生进一步思考。如果课堂没有充足的时间进行点评，教师也可以事先准备一张比较全面的思维导图，在探究学习活动结束时向学生展示，为学生进一步思考提供参考和借鉴。

在下面这个案例中，教师组织学生用思维导图进行了自主探究学习，虽然应用的目的相同，但具体应用策略各有不同。请仔细体会该案例采用了什么策略。

案例：《黄河是怎样变化的》教学设计

课堂实录：《黄河是怎样变化的》

> 课程：人教版小学语文第八册

> 教师：广州市海珠区新港路小学　费延华

在对《黄河是怎样变化的》一文进行教学时，费延华老师组织学生用思维导图进行了多次探究学习活动。随着探究难度的增加，探究活动的组织形式也由个体的独立自主探究，转变为小组协作探究。在探究过程中，思维导图先后作为知识建构的工具、学生自主探究的工具、协作交流的工具和成果展示的工具。学生通过自主探究和小组协作交流，完成了对课文内容的深入理解和知识建构。教师应用思维导图呈现板书，与学生共同梳理文章脉络，既有效地引导了学生主动参与教学过程，有序开展教学活动，又对教学内容进行了全景式呈现，突出了教学重点。

此处我们重点讨论费老师是如何组织学生应用思维导图进行自主探究的。课前，学生对课文进行了预习，在课堂上教师要求学生在梳理课文主要内容的基础上，用思维导图自主探究黄河发生了哪些变化、变化的原因及其治理方法，使学生对黄河的变化有了更深入的认识，并将提炼、概括后的认知结果用思维导图进行呈现，这样有助于提高学生分析问题的能力和自主学习的能力。

【教学设计】

一、学情分析

四年级学生独立学习的能力增强，已经具备了一定的阅读能力、预习能力。学生对问题有一定的见解，但是对于黄河是怎么变化的，黄河为什么成为“祸河”等还不能深入理解。因此，教师要组织学生加强对文本的解读，让学生身临其境地去了解课文内容，走进字里行间去认识黄河的过去和现在，懂得爱护自然、保护环境的重要性，培养学生的环保意识。

另外，经过一年多的思维训练，本校四年级学生具有一定的整理信息与梳理思维导图的能力，这为在教学中交流黄河治理的方法提供了可能性。

二、教学目标

认知目标：朗读课文，把握课文主要内容，借助思维导图梳理课文脉络，了解黄河变化的过程、原因及其治理方法。

能力目标：找到科学治理黄河的方法，并将思维导图应用到习作上。

情感目标：通过思维导图的制作，培养团结协作的精神，在探究的过程中，增强环保意识，激发热爱母亲河、热爱大自然的情感。

三、教学重点

了解黄河演变的过程和变化的原因，培养学生保护大自然的意识。

设计治理黄河的方案，激发学生保护母亲河的社会责任感。

四、教学难点

引导学生重组信息，发散思维，寻找科学治理黄河的方法。

五、教学过程

（一）谈话导入

有一条河，她发源于青藏高原，全长5 464千米。它是中国的第二大河，也是我们的母亲河——黄河。说到黄河，你会想到什么呢？

【设计意图：谈话导入，激发学生了解黄河的兴趣。】

（二）略读课文，建构知识

1. 检查预习。

（1）读准字、词。

（2）厘清文章脉络，把握主要内容。

2. 学生汇报预习成果，教师板书思维导图。

费老师为了让全部学生都能够完成自主探究任务，在课前为学生准备了含有一级分支的《黄河是怎样变化的》思维导图课堂工作纸，如图6-2-2所示。

1>图6-2-2《黄河是怎样变化的》思维导图

学生根据一级分支的提示和对课文的分析概括，完成了该篇课文内容的思维导图，在自主探究中，深入理解了课文内容，训练了提炼文段主题的能力。

【设计意图：略读课文是为了培养学生的自学能力。这一环节用思维导图梳理了文章脉络，为学生扫清了学习障碍。】

（三）自主探究

1. 学生借助思维导图探究：黄河究竟发生了哪些变化？变化的原因有哪些？如何治理？

2. 学生汇报，教师相机点拨、板书思维导图。

【设计意图：本环节摒弃了全文通讲的方式，教师大胆地把思维工具融入语文教学，利用思维导图帮助学生深入探究黄河发生的变化、原因及其治理方法，提高学生阅读文本、提炼与概括信息等能力，让思维训练更具操作性。】

（四）协作探究

在学习活动中，学生围绕“治理黄河”这个探究任务，将其作为中心主题，积极发散思维，通过协作，创作了治理黄河的思维导图（图6-2-3、图6-2-4）。

【设计意图：学生通过绘制思维导图，提高筛选、重组信息的能力，增强环保意识，激发保护母亲河的社会责任感。】

（五）展示成果

略。

1

2

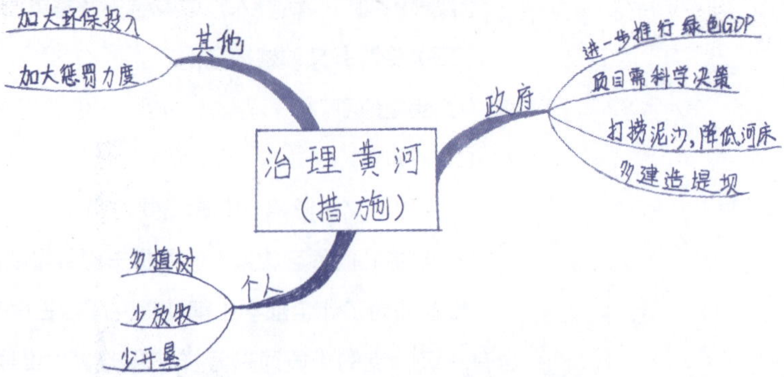

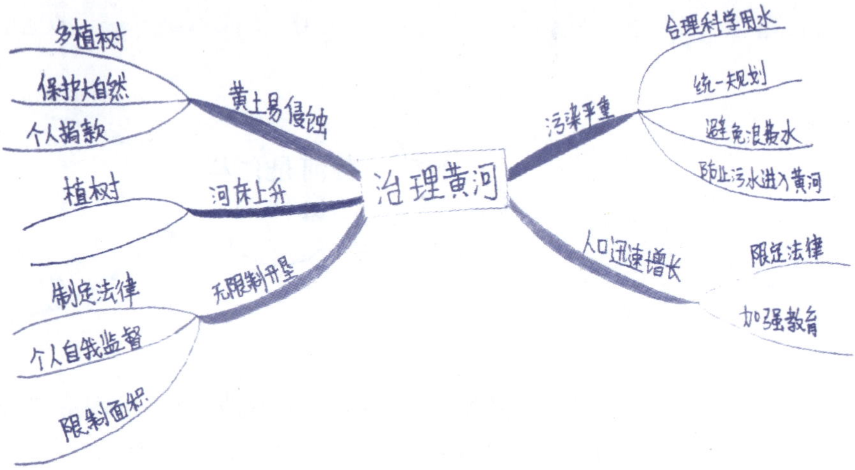

1>图6-2-3
学生探究作品“治理黄河的措施”思维导图
2>图6-2-4
学生探究作品“治理黄河”思维导图

（六）课后作业

1. 仿照本文的探究方法，绘制治理珠江方案的思维导图，并给河长写一封信。

2. 推荐阅读《母亲河，黄河》。

【设计意图：将思维导图应用到习作上，学生将学会重组信息。教师推荐的书目适合四年级学生阅读，能开阔学生的视野，更能增强学生的环保意识，激发学生热爱母亲河、热爱大自然的情感。】

该课例的不足之处是协作学习成果的展示交流时间较短，若能调整教学过程，给学生一定时间，先进行组间交流，再向全班展示汇报，效果会更好。另外，第二个汇报小组以“治理黄河的资料”为思维导图的主题是不准确的，教师未能及时指导修改。

二、在协作探究学习中的应用

协作探究通常是以小组为单位开展的探究学习活动，小组规模的大小取决于探究任务的难度和学情，一般2～6人。协作探究学习的任务应具有一定的难度和挑战性，一般是个体难以独立完成的任务，这样不仅可以使学生在集思广益的头脑风暴中解决问题，还可以培养学生的团队意识与协作交流能力。在协作探究中，小组成员应该彼此尊重，从不同角度看问题，通过充分的交流协商，不断拓展思维的广度，形成初步的统一认识。思维导图在小组协作探究学习中的应用策略、优点、局限、注意事项可以概括为图6-2-5。在小组协作探究学习中教师应注意以下三个方面。

第一，明确要求，即提出探究目标、评价标准和活动时间。教师首先要选择适合小组探究的主题或问题。比如，探究的主题应该具有一定的开放性和复杂性，探究的问题具有多种可能的解决方案。教师要尊重学生的主体性，明确学习目标和评价标准，提出时间要求，敢于放手，给学生创造主动学习和自主管理的良好氛围。其次，小组的规模要适当，教师可以根据学生情况分组，或让学生自主组建小组，教师进行一定调整。如果各小组的探究目标相同，则应尽量缩小组间差异，使小组成员能够各展所长，优势互补。若各小组的探究目标不同，则应注意小组规模的均衡性与小组分工的合理性。当小组人数较多时，应确定组长，由组长主持组织小组的讨论和人员分工，调控学习进度。比如，善于画思维导图的成员可以安排负责记录和整理大家的观点。

第二，提供组织策略。在小组协作探究学习中，教师可以根据学生的情况和探究任务的特点，采取多种组织方式，当学生的协作探究的经验不足时，可以简要地介绍不同组织策略的优势与局限，使学生主动选择合适的组织策略开展探究

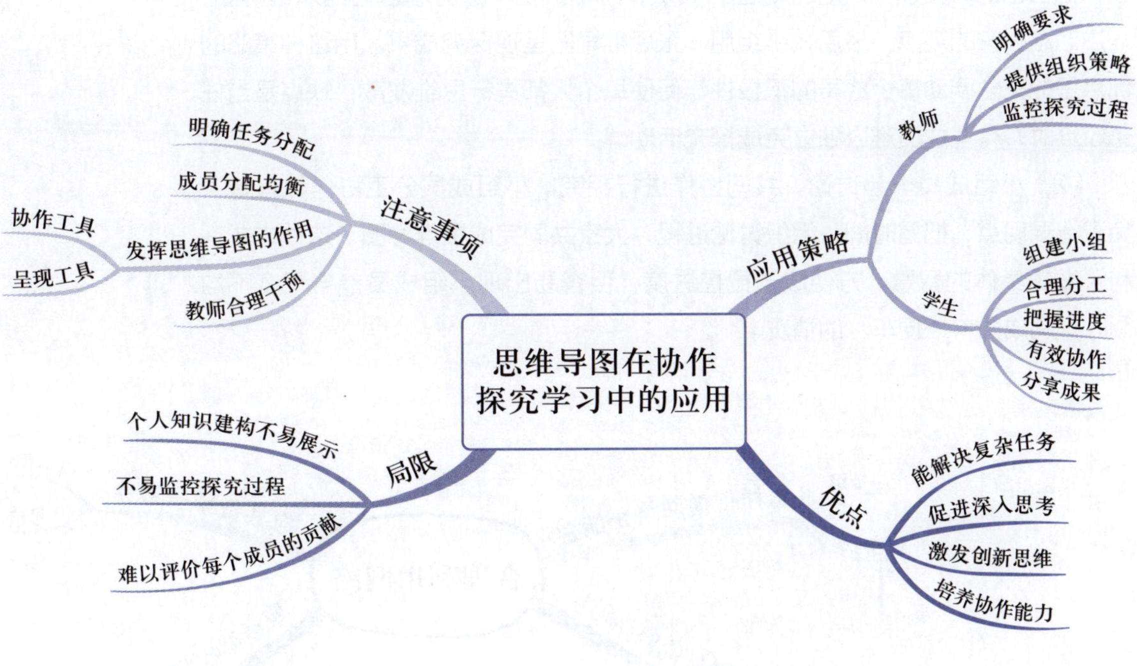

1>图6-2-5
思维导图在协作探究学习中的应用

活动。组织策略主要有小组间的组织策略和组内的组织策略。

一是组间的组织策略，主要有相同任务下的组间竞争策略和不同任务下的组间协作策略两种。

（1）相同任务下的组间竞争策略。如果所有小组完成的探究任务相同，则教师可以采用组间同质、组内异质的组织策略，将全部学生划分成小组规模和学习水平均衡的若干小组，使学生通过组内协作，以组间竞争的方式完成探究活动。例如，费延华老师在组织学生探究黄河治理方案时，欧阳初锋老师在组织学生探究《六一居士传》的“六个一”时，都使用了组间竞争策略。

（2）不同任务下的组间协作策略。如果探究任务复杂度高，需要的时间长，但课堂教学时间有限，则教师可以将一个大的探究任务划分成几个小的任务，由若干小组分别完成其中的一个小任务。最后，通过小组汇报，每位学生能快速完成对大任务的学习。例如，邓老师在《民风民俗》的写作活动中，根据学生写作主题，将学生划分成饮食、服饰、建筑等不同小组。再如，胡老师在教授“合理利用网络”一课时，将如何合理利用网络这个大任务，分解成在网络生活中应具备哪些素养、应遵循哪些准则、如何做负责任的网络用户、怎样传播网络正能量四个子任务；全班共分成八组，每个子主题分别由两个小组独立完成（图6-2-6）。在完成探究后，探究同一主题的小组互相交流，共同完善思维导图后，向全班同学进行汇报。

二是组内的组织策略，其重点在于通过小组协作发挥每个成员的优势，也有两种方式。

（1）小组成员根据探究主题，分两步进行探究。首先，每个人独立发散思维，把自己的想法创作成思维导图；其次，小组成员一边分享自己的思维导图，一边汇总大家的观点；最后，小组用一张思维导图呈现探究成果。用这种策略的优点是能充分调动每个成员的积极性，促使每个人都进行思维发散；缺点是当任务较难时，有些成员难以独立完成探究活动。

（2）小组成员一起讨论，共同协作进行探究。小组成员分工协作，有专人负责记录观点、把握时间、组织讨论进程，大家共同完成思维导图。这种方式有利于发挥集体的智慧，方便成员把控进度，但容易出现小组成员参与程度不均衡，个别成员“搭便车”的情况。

1

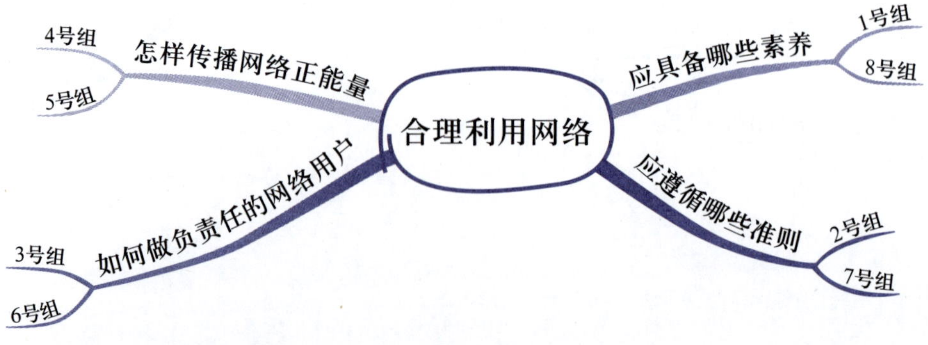

1>图6-2-6
“合理利用网络”
思维导图

第三，监控探究过程。教师要注意观察各小组的学习进展，例如当个别小组缺乏分工或探究活动偏离任务目标等情况时，可以通过提示各成员角色作用或提出思维导图中个别关键词等方式及时给予指导，合理干预学习过程，既尊重和激发学生的主体性，又适时引导探究活动紧扣学习目标展开。

除了上述几点，思维导图在自主探究学习中的应用策略，也适用于协作探究学习，包括明确探究任务、精心示范引导、提供学习支架、鼓励发散思维、支持成果展示和及时评价反馈六种。教师要根据协作探究的特点，灵活运用这些策略。

下面我们来观摩思维导图在六种探究学习中的应用案例，体会其具体应用方法与应用策略，同时思考案例的优点与可改进之处。

案例："流动的组织——血液"教学设计

> 课程：人教版《生物》七年级下册第四单元

> 教师：广东省佛山市富安初级中学　黄维海

在该案例中，黄维海老师用思维导图作为学生协作探究学习的工具，课前精心设计了思维导图学习支架，教学中组织学生协作完成思维导图，教师适时指导点拨，学生有效完成探究目标。

【教学设计】

一、学生情况

1. 学生在七年级上学期已掌握了绘制思维导图的技能。

2. 学校小组协作探究学习改革非常深入。学生普遍具有自主探究和小组协作探究学习的能力，表现在学生能熟练阅读教材，小组长具有一定的管理组织能力，小组学生普遍具有较强的荣誉感和归属感，能快速进入小组学习状态，围绕教学任务展开讨论。

3. 虽然学校教学改革很成功，但生源素质以及学生的学习习惯、学习基础、思维能力等仍较为薄弱。思维导图作为可视化思维工具，对于促进学生深度思考，帮助学生提高表达和交流效果都具有良好的作用。

二、教学内容情况

教学目标：掌握血液的成分及其主要功能。

教学内容特点：学生对血液都有一定的感性认识，但对于血液的成分及其功能，却不清楚。教师需要根据学生已有的知识基础和生活经验，层层深入，引导学生通过自主探究学习和协作探究学习完成教学任务。

该内容适合使用思维导图作为认知工具的理由如下：血液由血浆和血细胞组成。血浆的功能多种多样，血浆的来源与前面所学的关于营养和消化的知识有紧密的联系。血细胞分为红细胞、白细胞和血小板，每种血细胞都有其形态特点和功能。由此可见，本节课的内容较为繁杂，非常适合采用思维导图进行梳理，以寻找不同知识之间和新旧知识之间的联系，从而深入理解所学知识。

此外，思维导图把抽象思维和形象思维有机地结合起来，能大大提高学生对所学知识的记忆效果。

三、思维导图在本节课教学中的作用

思维导图作为认知工具，可以促进学生的深度思考和形象记忆；思维导图作为自我检查的工具和小组交流的工具，有助于学生准确检查自己的学习效果，促进同学间的信息交流。

四、教学策略

本节课使用小组协作探究学习的教学策略。以往的教学策略环节设定如下：创设情境，设定问题→阅读教材，解答问题→当堂练习，自我检查→小组讨论，解答疑问→全班讨论，教师点拨→课堂小结，巩固记忆。

然而，在“当堂练习，自我检查”“小组讨论，解答疑问”环节采用传统纸笔练习（填空题、选择题）来检查学生的学习效果，存在题目考查深度不够，不利于学生深度思考和合作交流等情况。

所以本案例把“当堂练习，自我检查”“小组讨论，解答疑问”环节进行了改良，由传统纸笔练习改为绘制思维导图，最终形成如下教学策略：创设情境，设定问题→阅读教材，解答问题→绘制导图，自我检查→小组讨论，完善导图→全班讨论，教师点拨→课堂小结，巩固记忆。教师提供的思维导图工具如图6-2-7所示。

具体教学过程如表6-2-1所示。

1

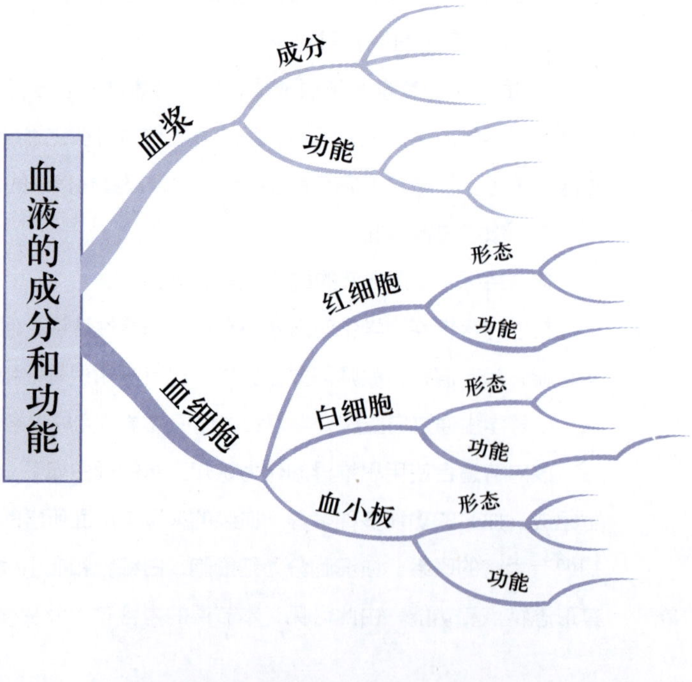

1>图6-2-7
“血液的成分和功能”
思维导图

1 1> 表 6-2-1

具体教学过程

教学环节	教学内容	设计意图	应用思维导图缘由
创设情境，设定问题	创设问题情境，通过核心问题引导学生的学习。 1. 展示教学目标：掌握血液的成分及其功能 2. 创设情境：出示一幅医生给病人验血的图片，向学生提问为什么我们生病了，医生有时会让我们去验血 3. 设定核心问题：这种红色的黏稠液体由哪些成分组成？每种成分具有什么功能？	明确教学目标，激发学生的学习兴趣	
阅读教材，解答问题	学生带着问题略读教材，边思考边圈画，试图通过自己的努力解答上述核心问题。 教师设定完成时间，促使学生快速完成任务	初步感知教材，为接下来的学习打下基础	
绘制导图，自我检查	教师让学生围绕核心问题绘制思维导图。 1. 分配任务：全班都要完成“血浆”分支，另外第1—3小组完成“红细胞”分支，第4—6小组完成“白细胞”分支，第7—9小组完成“血小板”分支 2. 学生个人精读教材，提取关键词，绘制思维导图 3. 教师在教室巡视，对个别学生进行辅导	通过绘制思维导图进行自我检查	第一，学生通过绘图主动地进行自我检查，不必过分依赖他人提供的题目，这有利于学生“学会学习”。第二，思维导图能够帮助学生检查对知识点的理解情况，比起传统纸笔练习，这样的考查更深入，有助于学生加深理解
小组讨论，完善导图	当大部分学生完成作品时，学生就可以进行小组交流了。如果等全部学生都完成作品才组织小组讨论，会让课堂氛围变得拖沓，降低教学效率。如果大部分学生未完成作品时就组织小组讨论，则会影响学生的独立思考，缺乏思考的讨论容易变得肤浅。 1. 小组长先让一位学习成绩普通的同学展示作品，然后再让一位学习成绩优秀的同学展示作品。第一位同学的作品通常存在较大完善的空间，便于小组讨论，小组成员给予修改完善意见。后一位同学的作品通常较为出色，能给小组成员做示范，便于大家学习和提高 2. 教师巡视时，选择有代表性的作品，用在接下来的全班讨论环节	小组讨论可进一步激发学习动机，使学生可以活跃地进行信息交流，取长补短，集思广益，从而完善自己的认识	思维导图是一种很好的交流工具 通过对思维导图的修改，学生对原有的错误认知进行修正，并形成新的、正确的知识结构。填空题和选择题虽然可以修正学生的错误认知，但却很难帮助学生形成系统的、正确的知识结构

续表

教学环节	教学内容	设计意图	应用思维导图缘由
全班讨论，教师点拨	教师选择有代表性的作品，分两个层次进行展示：一个层次是及格水平的，一个层次是优秀水平的。前者存在较大完善的空间，便于全班讨论；后者为全班树立榜样，便于他人学习和提高。 1. 教师展示及格水平的一幅思维导图，组织全班同学进行点评交流，教师进行必要的点拨。这一层次的展示重点是梳理本节课的知识点。教师不仅要注意学生存在的问题，还要特别注意分支内部、分支与分支的关联。 2. 展示一幅优秀水平的思维导图，教师要注意拓展，既要注意分支与分支之间、新旧知识之间的关联，又要注意每个分支的准确性。具体操作方法是启发式提问。教师提问："血浆的功能是运载血细胞，运输各种物质，这与其成分有没有什么关联？"学生观察"血浆"分支上的各个关键词。有学生回答："血浆的运载和运输功能，与其成分有关，因为血浆约有90%是水，水是一种流动的物质。"教师也可以让学生在不同的分支之间进行归纳总结。教师提问："不同的血细胞有没有相同之处？"学生通过观察不同分支，发现"成熟的红细胞和血小板都是没有细胞核的"。本节课新旧知识的关联点也很多，包括：血浆中的葡萄糖、氨基酸、无机盐从哪里来？（关联"人体的营养"一章）红细胞运输氧气，氧气从哪里来？（关联"人体的呼吸"一章）	上一环节重在梳理知识体系，本环节则是在此基础上促进学生深度理解	我们不是为了画思维导图而画思维导图，画思维导图的目的有：（1）梳理知识体系；（2）促进学生深度理解。其中梳理知识体系是基础，深度理解才是根本
课堂小结，巩固记忆	1. 基于思维导图的课堂教学，教师在课堂小结环节问题不大，因为学生在绘制和点评思维导图的过程中，事实上已经对课堂的知识进行了小结。 2. 学生根据思维导图在小组内复述教材要点。如果时间较为充足，教师也可以让学生不看教材和现有的思维导图，再画一幅新的思维导图，然后进行比较，从而增强记忆	进一步巩固所学知识	思维导图把抽象思维和形象思维有机地结合起来，能够大大提高学生对所学知识的记忆

第三节

思维导图在教学评价中的应用

教学评价是根据教学目标和相关标准，运用一切可能的评价技术和工具，监控与测量教学过程与学习状况，并据此为教学提供反馈，以调整和优化教与学活动的过程。传统教学评价以筛选和甄别为目的，将教学评价看作教学结束时由教师或管理者开展的测评活动。传统教学评价的主体是教师或教育管理者，评价手段多为考试，这种评价取向重结果轻过程，不能为调控和优化教学提供及时的反馈信息。现代教学评价重视对学生的激励作用，以促进学生的学为目的，评价不再是孤立于教学之外的活动，而是整个教学活动的重要构成部分。多维度、多主体的评价能为教学活动提供有价值的反馈信息，能协助教师判断教学活动的成效、不足和问题，以更好地优化教学过程，提高教学效果。

一、在教学评价中的作用

现代教学评价需要能够客观反映教学状况的评价工具。为了有效应用思维导图进行教学评价，我们需要深刻认识和理解思维导图用于教学评价的四个方面（图6-3-1）。

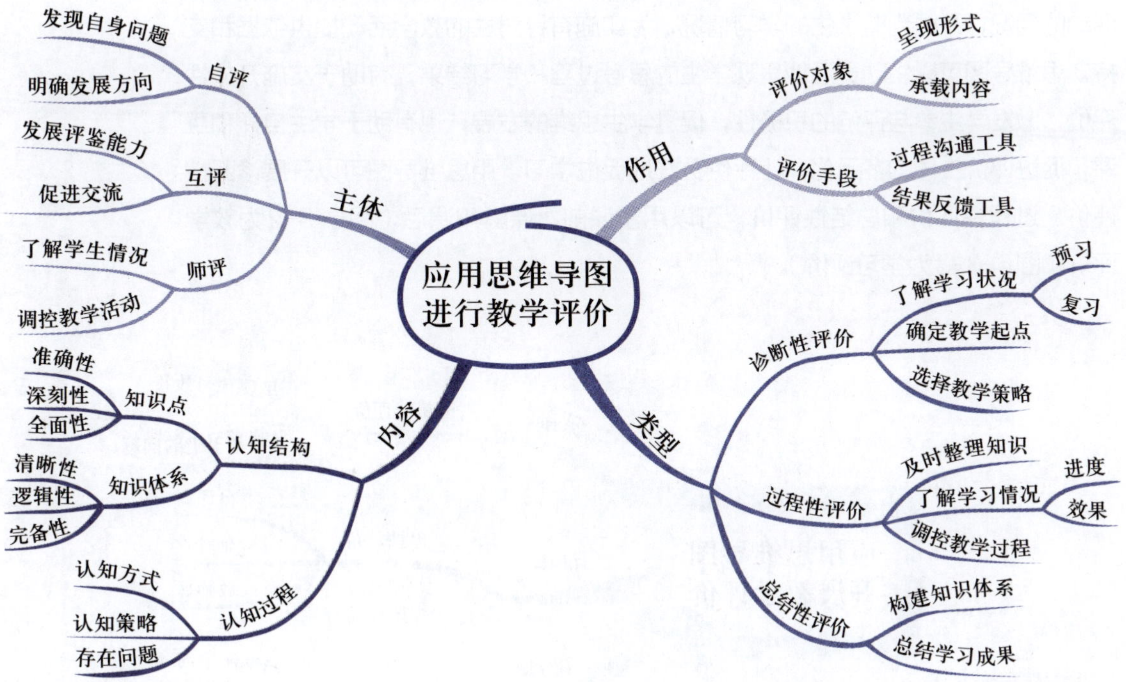

1 1>图6-3-1
应用思维导图进行教学评价的“四个方面”思维导图

第一，思维导图在教学评价中有两个方面作用。一是作为教学评价的对象，通过对思维导图承载内容的评价，我们可以掌握学生的学习过程与成果；二是作为教学评价的手段，思维导图作为评价过程的交流、沟通工具和评价结果的反馈工具，方便被评价者快速理解评价者的意见。

第二，思维导图可用于三种类型的教学评价：诊断性评价、过程性评价和总结性评价。使用者可以根据评价目的与功能，选择合适的类型和恰当的时机实施评价。

第三，思维导图评价的内容可以是学生的认知结构和认知过程。通过分析思维导图中的关键词，我们可以判断学生对知识的理解是否准确、深入，对知识的掌握是否全面；通过分析思维导图的分支及其顺序，可以判断学生是否建构了完善的知识体系，是否厘清了知识之间的联系与区别，形成了合理的逻辑结构。同时，思维导图使思考过程可视化。通过分析思维导图，我们可以了解学生的认知方式是否恰当，认知策略是否科学，判断其存在的困难和问题，从而给予针对性的支持和帮助。

第四，应用思维导图进行评价，可以实现评价主体多元化。思维导图开放、灵活的呈现方式，不仅方便教师和教育管理者进行评价，也方便学生进行自评和互评。例如学生通过绘制思维导图，可以及时发现自己学习中存在的问题，明确努力的方向；通过同伴互评，可以学习、借鉴他人的长处，吸取其经验教训，长期使用，还可以提高评鉴能力，培养自主思考的能力。

思维导图能够清晰地呈现学生的认知过程和认知结构，能够全面而简明扼要地反映学生的学习状况；借助思维导图，教师可以了解学生的学习进展和内心思维活动的情况，及时判断学生的学习情况，为实施有针对性的教学活动提供依据和支持。思维导图可以生动灵活地呈现学生的思考过程和学习结果，有助于实施开放性评价，激发学生参与评价的积极性，促进学生思维的发展；也有助于学生自评和互评，促进评价主体的多元化，让评价更好地促进学习。用思维导图可以开展诊断性评价、过程性评价和总结性评价，可以用于课前、课堂和课后（图6-3-2为教学评价和图6-3-3为学习评价）。

1

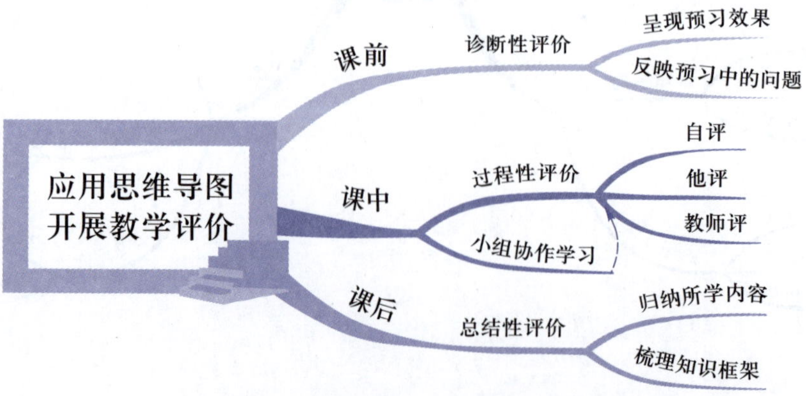

1>图6-3-2
“应用思维导图开展教学评价”思维导图（殷丽玲）

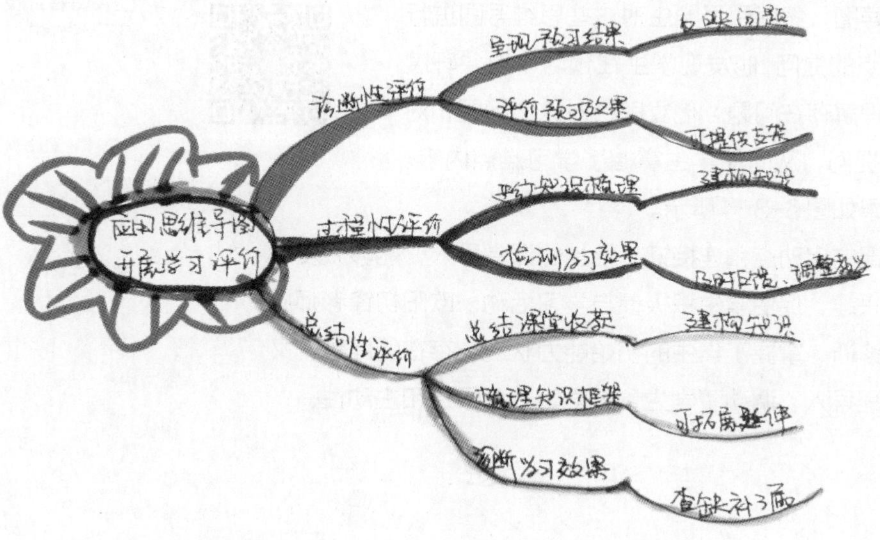

1>图6-3-3 “应用思维导图开展学习评价”思维导图（王越）

二、在诊断性评价中的应用

诊断性评价是指在教学活动开始前，通过评价了解学生在知识、技能或情感等方面的学习准备情况，为确定教学目标和采取教学策略等提供依据。诊断性评价一般在教学活动开始前进行，可以在学期之初、单元教学或课堂教学开始时对学生的学习准备情况进行评价。例如，教师可以通过查阅学生预习时绘制的思维导图或当场绘制的思维导图，了解学生的知识与技能等方面的准备程度，以确定怎样开展适合学生情况的教学活动。

有效教学的一个重要原则是了解学生的起点。在课堂教学之初，对全体学生的初始能力了解得越准确，越有助于教师实现有效教学。欧阳初锋老师在教授《六一居士传》时，应用思维导图对学生的预习情况进行了诊断性评价，我们一起来看看他是如何进行评价的。

案例：思维导图支持的起点诊断——《六一居士传》

课堂实录：《六一居士传》起点诊断

> 课程：粤教版高二语文

> 教师：广东省佛山市勒流中学　欧阳初锋

课前，欧阳初锋老师为了启发学生理解课文，顺利完成预习任务，为学生提供了包含六个一级分支、个别关键词的思维导图框架，作为课前预习的支架。

用思维导图作为检测工具，教师可以比较全面地了解学生的学习准备情况，确定合适的教学起点，选择恰当的教学策略，有效开展教学。课堂教学伊始，欧阳初锋老师为了掌握学生的学习起点，应用思维导图检测学生的预习情况。欧阳老师先让多位学生在黑板上展示自己已完成的思维导图，然后引导学生对这些思维导图进行评价，通过对难点的提问，他发现学生在预习中对“轩裳珪组”这个难点理解存在问题，他立即针对这个问题，对学生进行启发式提问，从而使学生掌握了学习难点内容。最终思维导图结果如图6-3-4所示。

《六一居士传》课文原文及教学设计

导入是一节课的启动点和连接键，恰当的课堂导入，能够激发学生的学习动机和兴趣，促使学生积极参与学习活动。欧阳初锋老师应用思维导图，既诊断、掌握了学生的初始能力状况与存在的问题，又巧妙地完成了课程导入，调动了学生参与学习的积极性和主动性。

1

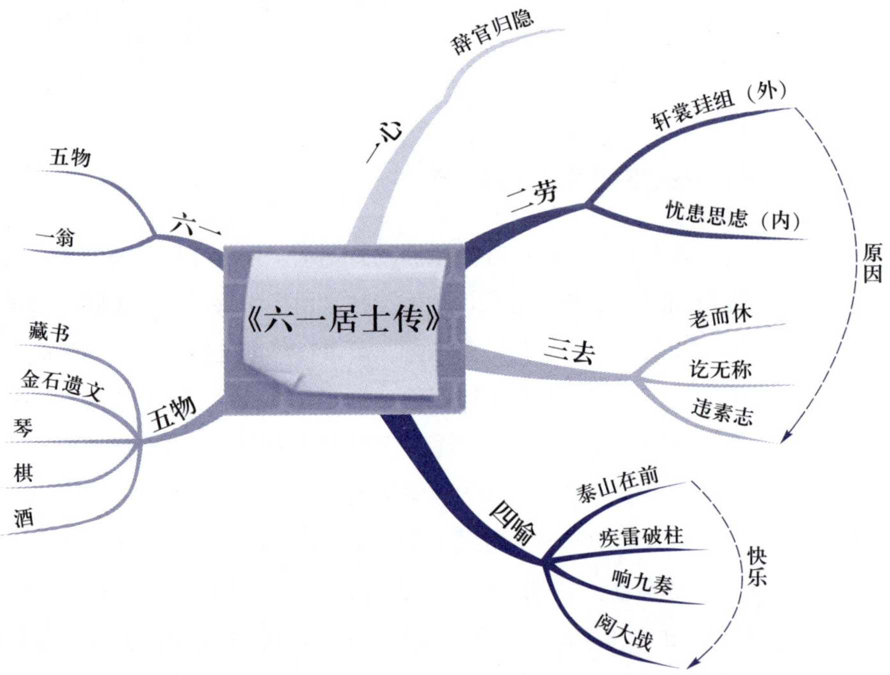

1>图6-3-4
《六一居士传》

三、在过程性评价中的应用

过程性评价是指在教学活动过程中，为使教学活动取得更好的效果，及时了解学生的学习情况和教学活动存在的问题所开展的教学评价。人们一般通过测验开展过程性评价，实施这种评价需要预先编制试题，评价方式比较呆板，且不能随机进行。用思维导图进行过程性评价，操作灵活，教师既可以用思维导图框架提出评价的具体要求，通过让学生补充完善思维导图的方式进行测评；也可以只提出评价要求，让学生自主创作思维导图、呈现学习进度与结果。学生在评价中可以及时整理知识，建构自己的知识体系；教师在评价中可以快速、直观地了解学生的学习进度与学习效果，发现存在的问题，及时调整教学过程。

MOOC
学员有话说

郭淑凤：

用思维导图教学时要注意：思维导图只是一个工具，它可以让课堂教学更精彩，但不要为用而用，要从实际出发恰当使用，让它们相得益彰。

王君－四方山：

在新授课上，我这样用思维导图：（1）导入阶段，利用思维导图回顾上节课的内容，复习各知识点及相互间的联系，适时导入新课。（2）讲授阶段，使用边讲解边绘制思维导图的方式，让学生直观地看到相关知识的联系，了解教师的思维过程。（3）小结阶段，结合这节课绘制的思维导图回顾教学内容，再次梳理重难点与各知识点之间的关系，促进学生建立知识体系。

第七章

思维导图与教师专业发展

○ 学习提示

教师应用思维导图不仅可以促进教师的专业发展，而且有助于教师从学习者的视角更加深刻地体会和理解思维导图的作用，还有助于教师在教学中更加合理有效地组织和引导学生应用思维导图学习。在学习本章前，我们有如下学习提示。

提示1：有意识地使用思维导图，促进个人的专业发展。

提示2：运用思维导图解决目前专业发展的棘手问题。

思维导图与
教师专业发展

第一节

思维导图
支持教师专业发展

职业生涯发展规划

教学反思

评课

第二节

思维导图支持协作教研

在教研导入中的应用
在组织教研内容中的应用
在教研成果展示与交流中的应用

第一节

思维导图支持教师专业发展

教师职业面临着来自社会、政府、学校、同行等多方面的挑战（图7-1-1）。为了应对职业生涯中的各种挑战，学习成了教师专业发展的必然选择。

各种新技术在教育领域的应用引发了教育教学变革，对教师产生了巨大的冲击。丰富多样的交互性信息化教学资源改变着教与学的各个方面，2011年一位TED演讲者展示了一部交互式电子书，这部电子书不仅将图文声像巧妙地融为一体，还具有多种交互方式。曾经，人们很难想象，对着书中的风车图片吹口气，风车不但能随风转起来，还能为书中的小屋“发电”照明。学生是教学活动的主动参与者和积极探索者，作为数字原住民的他们，信息素养高，善于利用新技术、搜索新资源进行自主学习。工业经济的逝去使陈述性知识和程序性知识已无法满足人们的需要，人们则更加需要深层能力：思考和推理能力、运用知识的

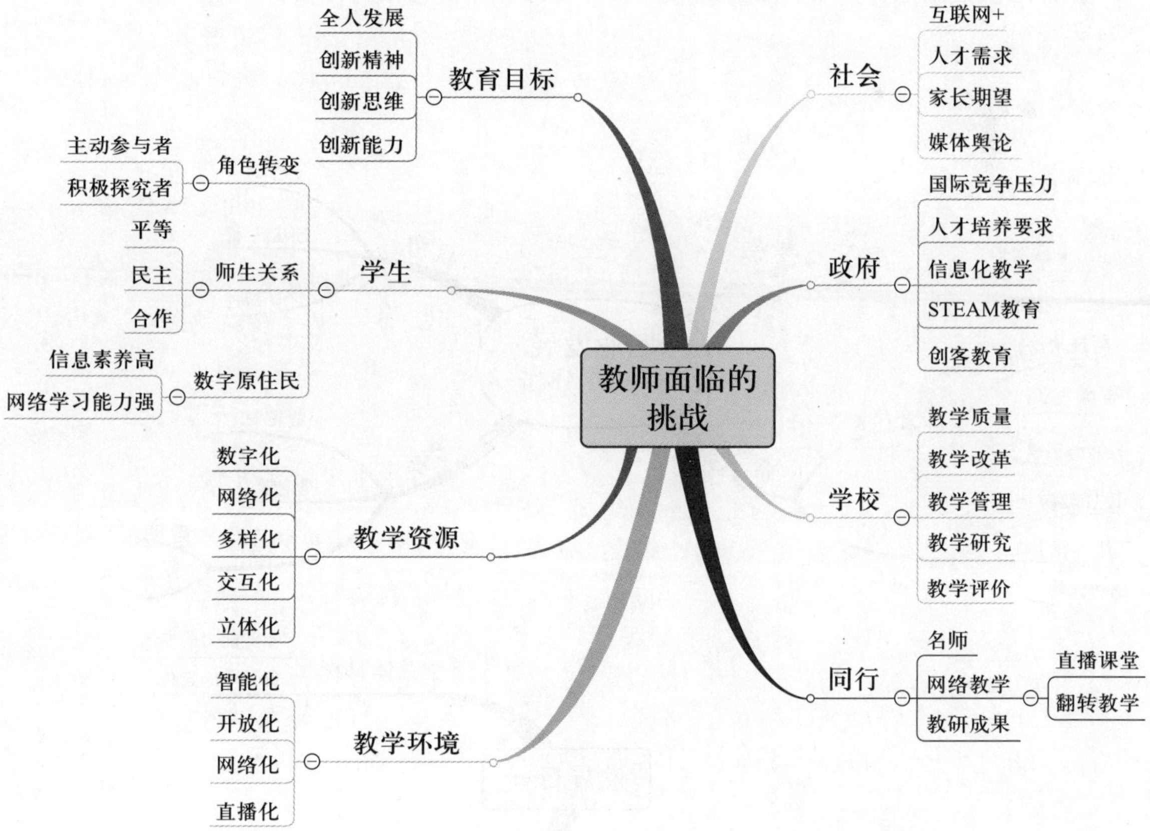

1 1>图7-1-1
“教师面临的挑战”
思维导图

能力、深入理解科学和技术系统的能力，以适应终身发展和社会发展需要。

教师面临的多重挑战促使教师持续不断地学习，真正成功的教师总在寻求机会，跟踪所教课程的最新进展，拓展知识面，不断提升自己的教育教学能力。

一、职业生涯发展规划

思维导图可以用于教师职业生涯发展规划的几个主要环节：态势分析、发展目标、发展措施、发展评价。

1. 态势分析

用思维导图分析个人职业生涯发展规划，有助于教师系统地认识形势，明确发展需求，激发自我发展动机，进一步制订个人发展目标和对策。图7-1-2是一位教师利用思维导图对自己的职业生涯发展所进行的SWOT[①]分析。借助这种方法，我们可以对自己所处的态势进行全面、系统的研究，以便确定自身的发展目标。

① S(strength，优势),W(weakness，劣势)，O (opportunity，机遇)，T (threat，威胁)

2. 发展目标

教师应该根据态势分析、职业发展需要，制订总体目标和具体目标 (图7-1-3)。

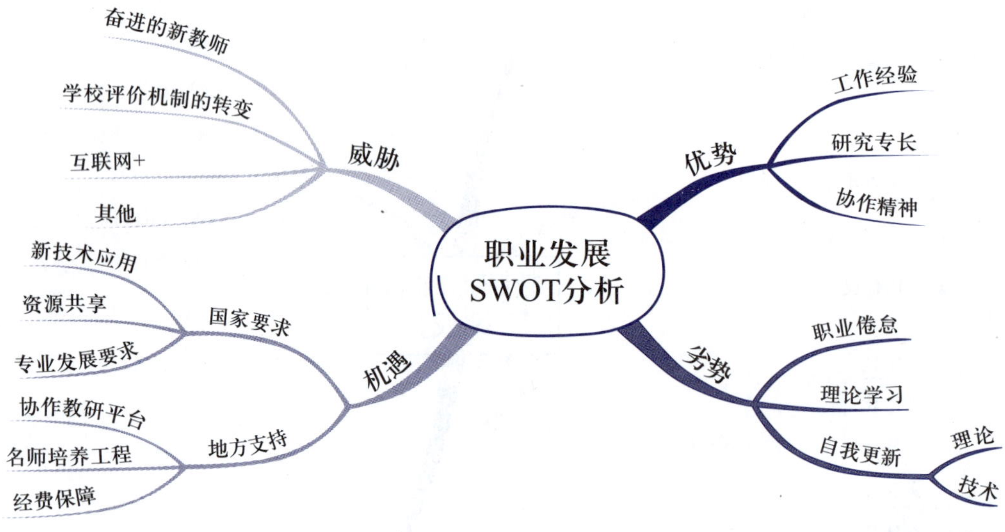

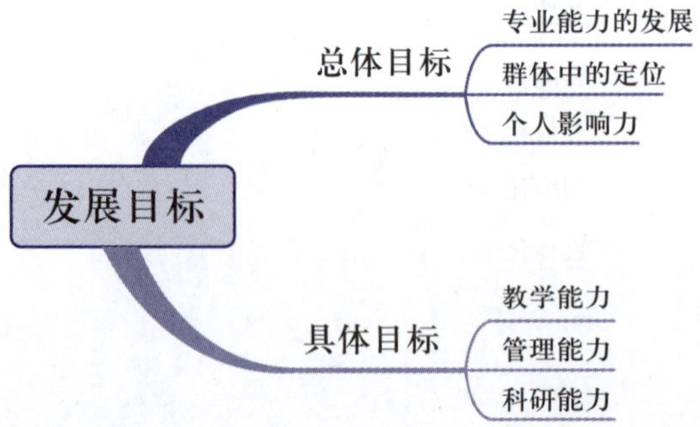

1>图7-1-2“职业发展SWOT分析”思维导图
2>图7-1-3“发展目标”思维导图

总体目标，是经过几年的努力后，个人想在专业能力的发展、群体中的定位、个人影响力等方面取得的进步；在总体目标之下，可以再从教学能力、管理水平、科研成果等方面加以细化。比如，具体到获得什么级别的个人荣誉、竞赛奖项以及发表多少篇论文等。

在确定发展目标时，我们还可以根据SMART原则来检验这些目标是否合适：S（specific，具体的），即目标是否具体、明确；M（measurable，可衡量的），即目标是否可以用数量化或行为化标准来衡量其达成度；A(attainable，可实现的)，即目标是否在付出努力的前提下可以实现；R（relevant，相关性），即每一个目标与其他目标是否存在一定的关联；T（time-bound，时间限制），即这些目标是否能在指定周期内（如5年）分解到每一年度完成。

3. 发展措施

发展措施应是发展目标的具体实现措施。在确定发展目标后，教师可借助思维导图制订发展措施。发展措施可以从理论提升、实践提升、成果提炼三个方面入手（图7-1-4）。比如，在发展周期内自己每年阅读多少部（篇）专著（论文）、听多少场专家讲座、参加多少次专题培训，以提升理论水平；明确个人通过何种途径来实现课堂教学改革、提升德育管理水平；在成果提炼方面，可以具体到每学期写多少篇教学反思，发表几篇论文或出版几部专著。

4. 发展评价

思维导图在教师个人专业发展中的作用

缺乏评价的工作往往是低效的甚至是无效的，因此我们也需要对教师职业生涯发展进行阶段性评价。我们从要素和进展两个方面，评价教师职业生涯发展状况，有助于教师及时检测发展举措的成效（图7-1-5）。

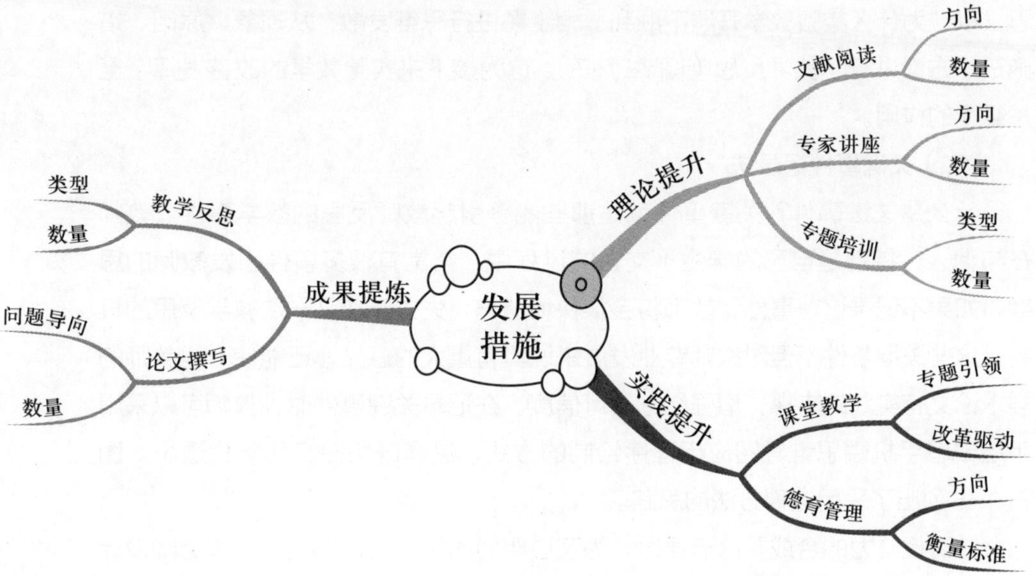

1

1>图7-1-4
“发展措施”思维导图

1

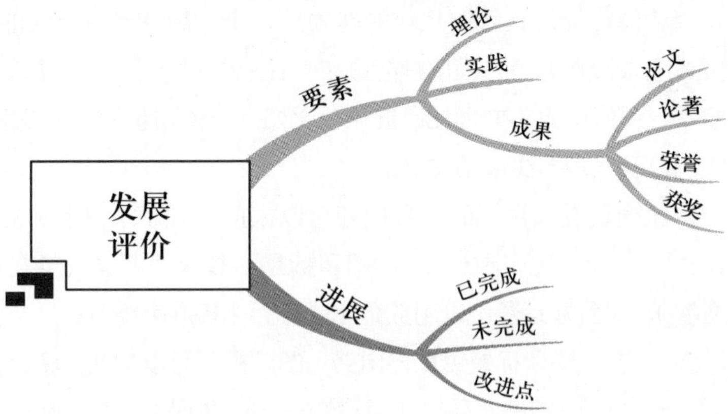

1>图7-1-5
“发展评价”思维导图

二、教学反思

思维导图支持的教学反思

教学反思是促进教师专业发展的重要途径，利用思维导图进行教学反思的方法主要有三种：反思主题发散法、关键事件记录法、设计前后对比法。

（一）反思主题发散法

反思主题发散法就是以教学内容、教学方法、教学事件等为主题进行发散性思考的方法。教师在回忆个人经历的过程中可以找出自己当下教学的优点和缺点，并依据教学理论寻找解决办法，从而为自己的教育教学能力指出发展方向。图7-1-6列出了采用这种方法的思路。

刚入职时，岑老师负责学校的物理实验教学。然而，几次实验教学都开展得十分不顺利，学生上交的实验报告总存在着这样或那样的问题，他对此进行了反思。以“为什么实验教学开展不顺利”为主题进行思维发散，从现象、原因、措施三个方面进行了教学反思（图7-1-7），这为接下来实验教学的改善发挥了至关重要的作用。

（二）关键事件记录法

什么是关键事件？关键事件就是那些能够引起教师反思的教学事件。教师在与他人（特别是自己的学生）交互的过程中，常常有很多事件引发教师的思考，如果不记录这些事件，教师将会很快地遗忘，失去一次又一次教学反思的机会。这些关键事件不但对教师专业发展来说具有重大的意义，还能使一线教师的学术论文有实践的支撑，增强结论的可信度。在记录关键事件时，教师可以采用手绘或者手机端思维导图应用程序绘制的方式，这样既快捷又能防止遗忘。图7-1-8列出了采用这种方法的思路。

在讲授“力的合成”这节课时，为了说明力的平行四边形定则，岑老师设计了两个实验。岑老师问：从实验数据发现$F \neq F_1+F_2$，这说明了什么？有位学生说是实验误差。这个关键事件引起了岑老师的注意，岑老师用思维导图记录了该

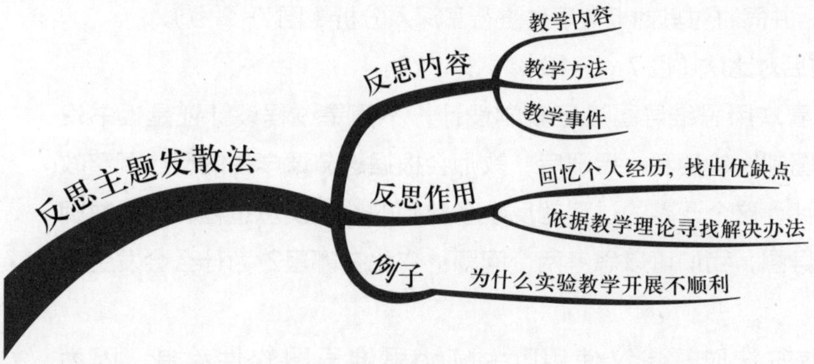

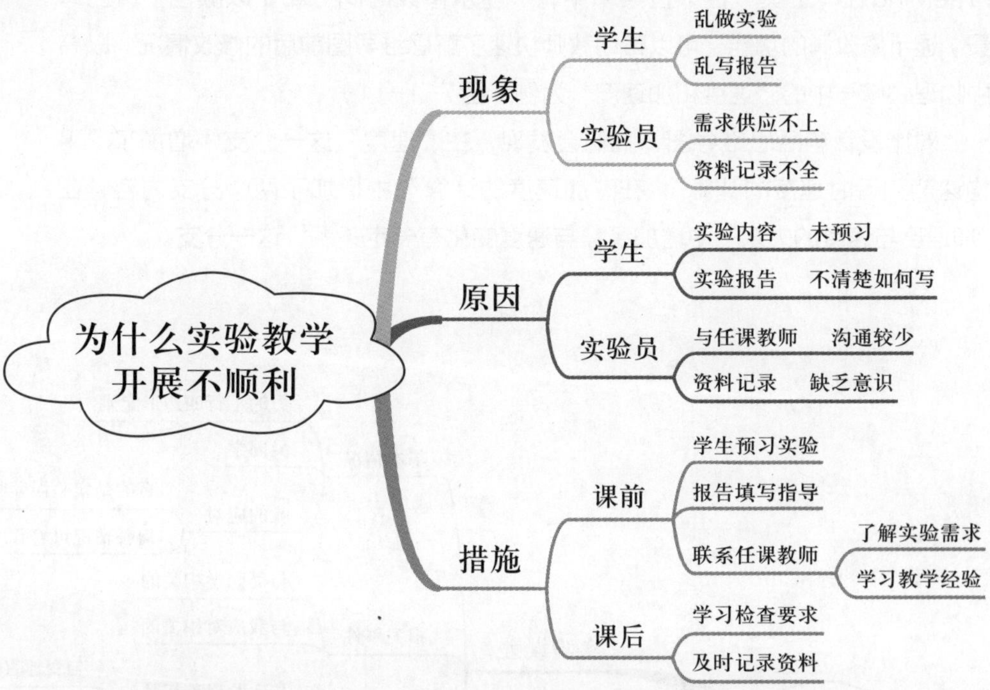

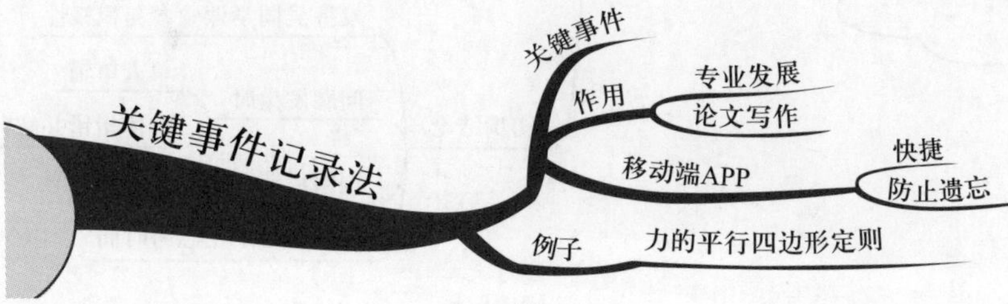

1
2
3

1>图7-1-6“反思主题发散法”分支
2>图7-1-7“为什么实验教学开展不顺利”思维导图
3>图7-1-8“关键事件记录法”分支

事件的基本情况，并同时对其他相关事件进行了深入分析（图7-1-9）。

（三）设计前后对比法（图7-1-10）

很多教师都喜欢用思维导图进行教学设计，不管是过程设计还是板书设计，利用思维导图都比较便利。授课后，教师会根据这节课学生的反应调整教学进程、板书设计，这个调整的过程就反映了教师的教学反思过程。对比教师先后设计的思维导图，我们可以思考两个问题：变化在哪里？为什么会发生这一变化？

当采用这种方法时，建议使用FreeMind思维导图软件绘制，因为FreeMind在“工具”栏下拉菜单中有“显示修改时间”和“以颜色（黄色背景）显示修改”的功能，可以帮助教师快速了解思维导图前后的修改情况。以高中物理必修一中的“速度和加速度”为例（图7-1-11）。

对比设计前后思维导图，我们会发现，在“速度”这一分支中增加了“平均速度和瞬时速度的计算”，在“加速度的计算”中增加了两个分支内容，在“加速度与速度的关系”中增加了“与速度变化有一定关系”这一分支。

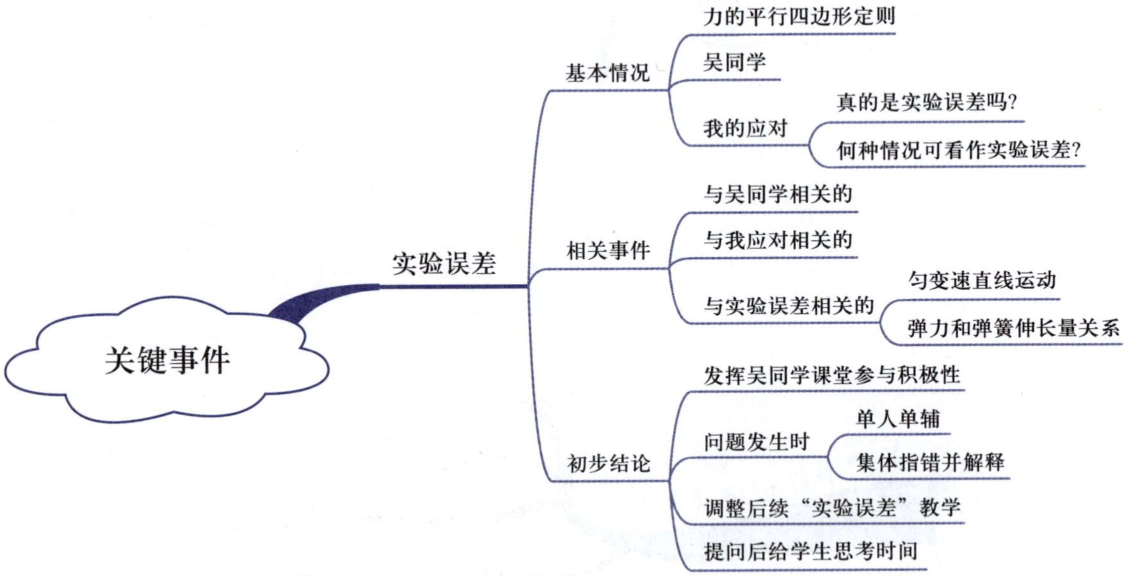

1>图7-1-9
“实验误差”关键事件记录分析思维导图
2>图7-1-10
“设计前后对比法”分支

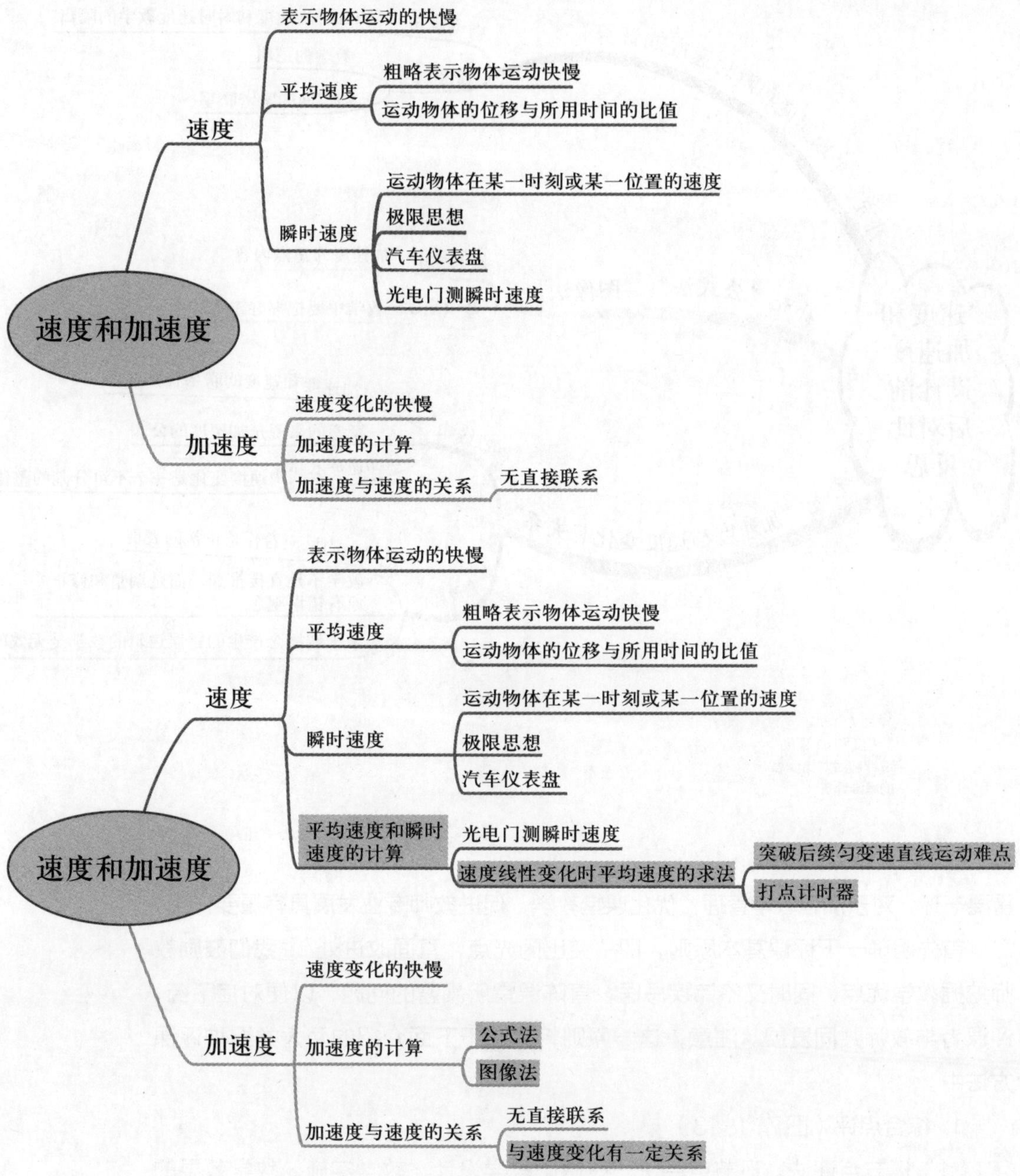

1　1>图7-1-11
“速度和加速度”思维导图修改前后

岑老师的思维导图的变化反映其在教学逻辑、教学重点和学情把握方面的进步（图7-1-12）。反思主题发散法、关键事件记录法、设计前后对比法这三种方法各有特点，在实践中教师可以根据个人情况选择使用或同时应用。

三、评课

评课是对课堂教学得失、成败进行的评议，作为教师日常工作和专业发展的

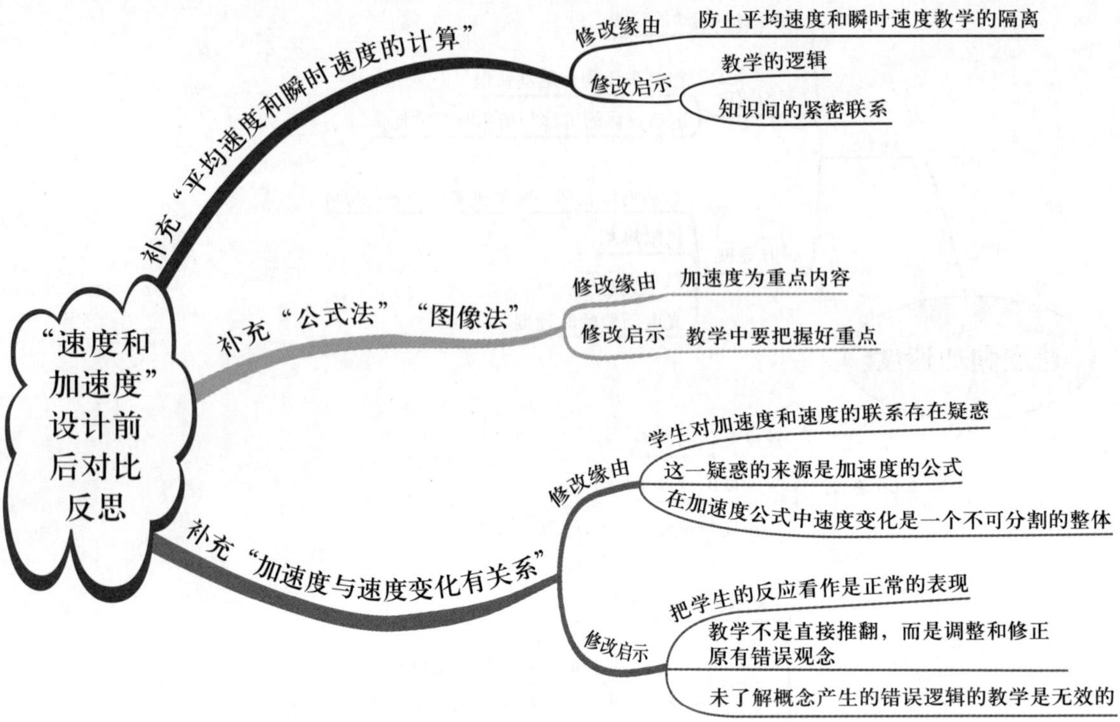

1>图7-1-12
"速度和加速度"设计前后对比反思的思维导图

重要一环，对于加强教学管理，优化课堂教学，促进教师专业发展具有重要作用。

首先明确一下评课基本原则，即"突出闪光点，直面改进处"。我们鼓励教师挖掘教学优点，同时又不讳疾忌医，直陈课堂所暴露的问题，以便对症下药，评课者与教师共同发展。注意，这一原则将贯穿于下面介绍的两大类五种评课方法中。

1. 综合点评（图7-1-13）

（1）环节点评法。环节点评法一般遵循教学设计、教学实施、教学效果的顺序寻找评课点。

（2）要素点评法。要素点评法是指结合与课堂教学密切相关的诸如文本、学生、教师、环境等要素，开展有序、多维度评课的点评方式。要素点评法可以为教师评课提供维度，拓展思路。

2. 专题点评

（1）目标导向法（图7-1-14）。目标导向法一要判断教学目标设定是否针对课程标准、教学重难点，二要判断教学目标描述是否明确、清晰，三要判断教学目标是否可衡量、可达成，四要判断教学目标之间是否有一定的相关性。

在分析完目标后，还应接着分析各教学环节是否照应了教学目标，教学目标在各教学环节是否得到有效落实。

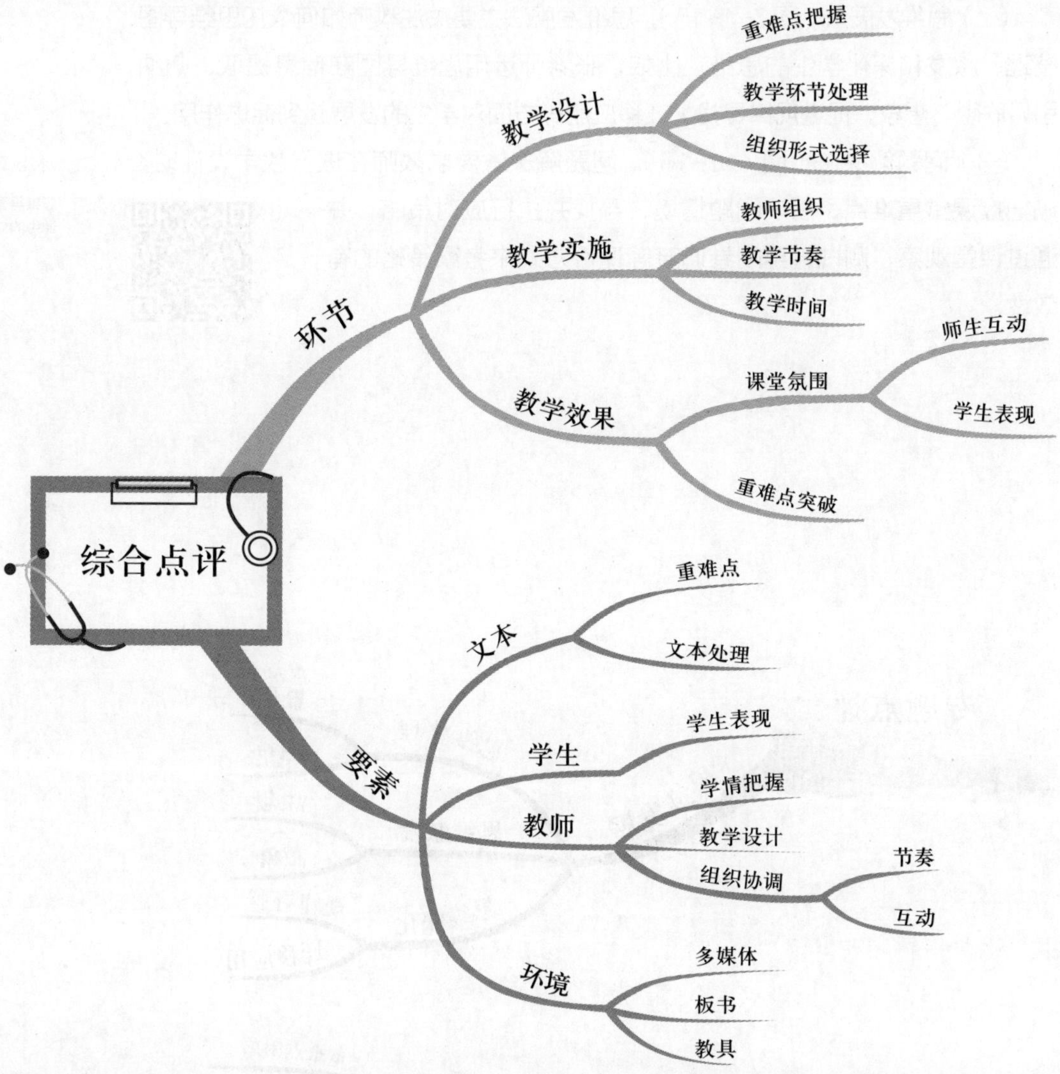

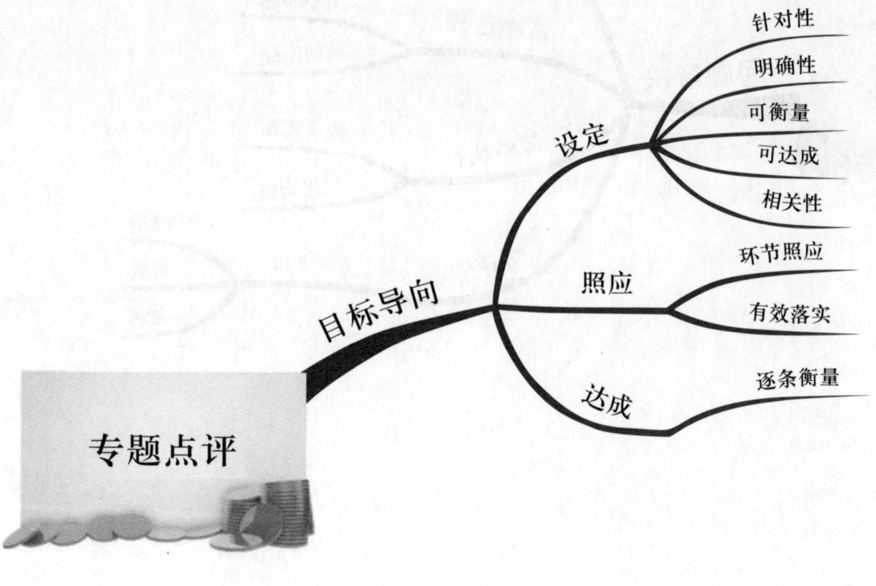

1>图7-1-13“综合点评法”思维导图

2>图7-1-14“目标导向”分支

（2）思维发展法（图7-1-15）。思维发展法主要关注教师如何依托思维导图，整理、激发和深化学生的思维。比如，张老师运用思维导图在信息提取、归纳，引导联想、想象，促进规律寻找、迁移应用等方面对学生的发展起到促进作用。

（3）问题解决法（图7-1-16）。问题解决法要求教师在进行教学设计时准确把握课堂重难点、创设问题情境、寻找并执行应对策略，并通过课堂观察、测试甚至问卷调查等评价方式来考察策略的有效性。

思维导图在评课中的应用

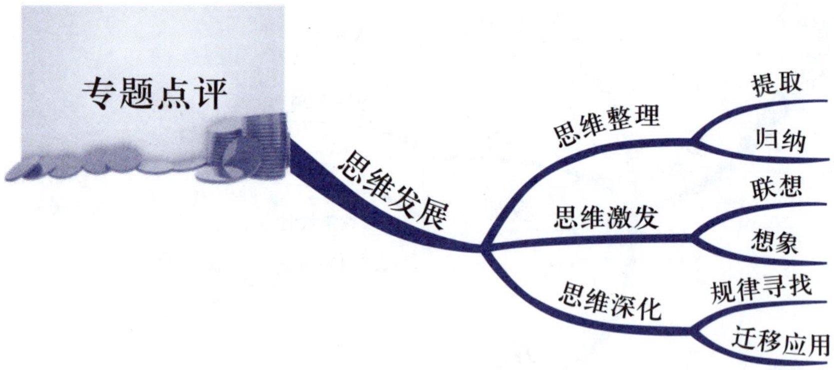

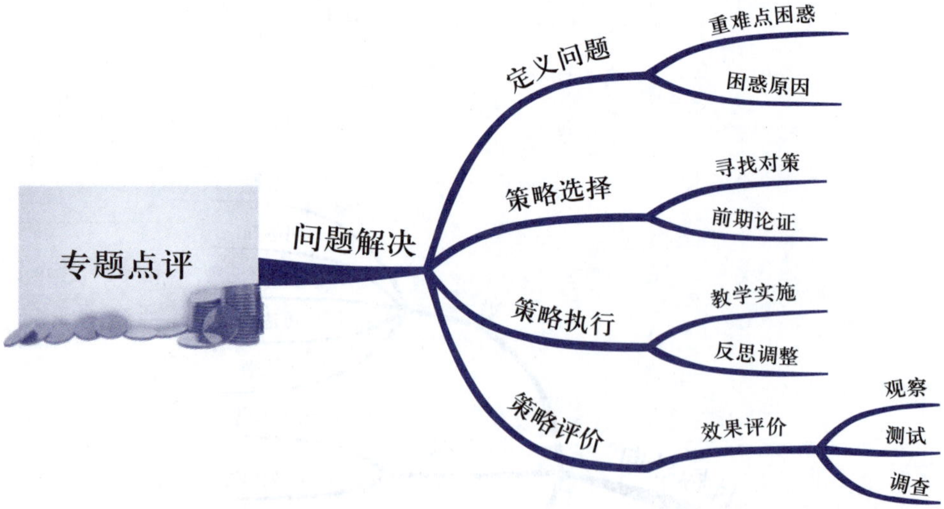

1>图7-1-15
“思维发散”分支
2>图7-1-16
“问题解决”分支

第二节

思维导图支持协作教研

教研是教师在职学习与研修的主要渠道，也是教师专业发展的重要途径。协作教研是有共同专业发展愿景的教师为了实现专业发展目标，集体开展的有计划的、有组织的研修活动，教师通过同伴之间的交流与分享、协作与讨论，凝聚集体智慧，共同解决教学中的问题，提升专业能力，实现专业成长。协作教研可划分为不同类型，例如学科组教研、校本教研、区域协作教研、网络协作教研等，无论哪种类型的协作教研，参与者的良好沟通与充分理解都是顺利开展教研的基础。

思维导图能够简明、扼要地呈现研修内容，快速记录和分享每个教师的观点，有利于将教师隐性知识显性化，有利于实现教师之间的高效交流与协作。实践表明，应用思维导图，可以显著提高协作教研效果。在协作教研中，思维导图可以用于协作教研的不同环节，既可以用作教研过程的组织工具、协作工具，也可以用作教研内容的呈现工具等。下面我们结合实例来探讨，如何在协作教研中应用思维导图提高教研效果。

一、在教研导入中的应用

导入是协作教研的重要环节，有效的教研导入，能成功地引起教师注意，帮助教师明确教研目标、引发教研动机、激发研讨兴趣，为顺利开展教研活动打下良好的基础。当教研对象除了年龄、教龄等存在差异外，还存在学科不同、学段不同等情况时，良好的教研导入对教研效果有重要影响。郭海英校长在组织全校教师进行校本教研时，用思维导图导入教研主题，使所有参与者快速明确教研目标，产生研修动机。请思考：如果你要组织全校教师开展一场协作教研，你将如何导入该次活动的教研主题？让我们带着这个问题一起观摩分析下面的案例。

案例：学年项目学习周的活动总结与反思活动（1）

> 教研主题：基于项目，解决问题，发展思维
> 教研参与者：广州市天河区冼村小学全体教师
> 教研组织者：郭海英

在教研导入环节，郭校长用照片展示了各年级教研组在该学年组织学生进行的项目学习活动，使所有教师对其他年级项目学习活动有

所了解。此外，他又用一张思维导图（图7-2-1）导入了本次教研的主题，提示教师可以从本级组项目学习的“主题与内容”选择、“组织与实施”过程等方面开展讨论，但主要聚焦于项目学习的“过程与成果”“效果与反思”两个方面进行研讨。

思维导图在教研主题导入中的应用

郭校长通过思维导图引入这次教研的主题，将教研内容可视化，帮助大家明确教研目标。相比传统的文字表述，教师们通过思维导图更加能抓住关键信息。

1

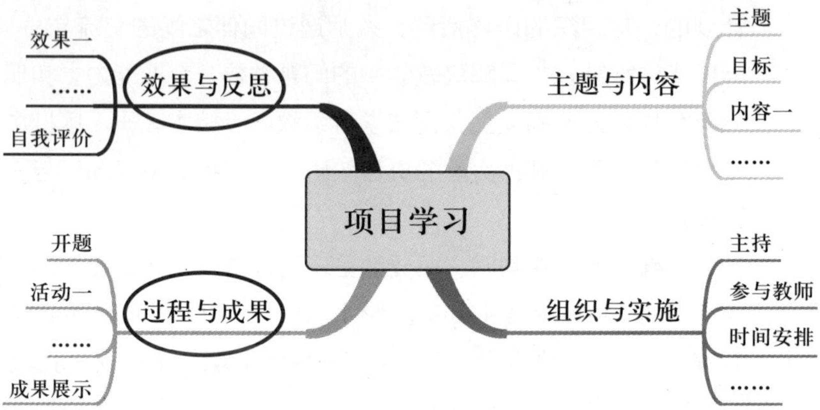

1>图7-2-1 教研导入的思维导图：“项目学习”

二、在组织教研内容中的应用

协作教研是集体性学习活动，在教研活动中能否调动所有教师的积极性，使每位教师都充分参与和分享，形成集体智慧与力量，取决于教研活动组织是否合理、有效。如何在既定的时间内，合理兼顾个体与集体，顺利实现教研目标，促进全体参与者的专业发展，是教研活动实施的关键。在开展教研活动时，组织者通常要花费较多时间和精力去组织和调控教研各个环节，尽管组织者在教研活动中会提前做好计划，但是难免会出现一些教研环节和教研内容的疏忽与遗漏。思维导图可以帮助组织者有计划、有条理地组织教研内容。

案例：学年项目学习周的活动总结与反思活动（2）

> 教研主题：基于项目，解决问题，发展思维

> 教研参与者：广州市天河区冼村小学全体教师

> 教研组织者：郭海英

思维导图在教研组织中的应用

郭校长将思维导图（图7-2-2）用作教研活动的组织工具、研讨过程的引领工具。他通过四个逐步递进的“学习单”分支将教研内容分别呈现出来，以把控教研进程，突出重点和难点。用思维导图组织和引导教研活动，有效保障了教研活动的开放性和自主性，

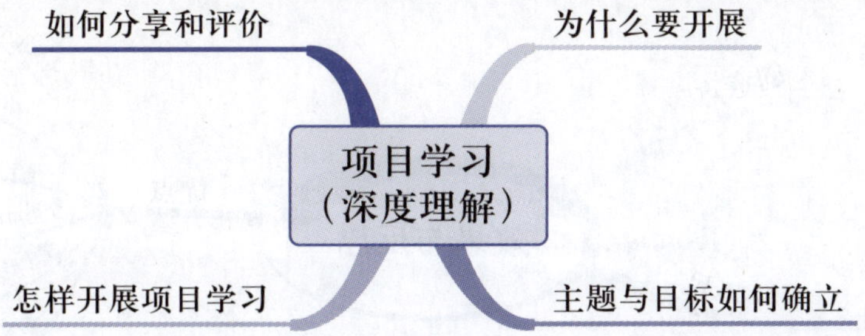

1>图7-2-2 用思维导图组织教研内容

激励研修者围绕教研主题积极参与，使组织者能够灵活地掌控教研进度，并适时进行适当引导和干预，促使教研内容不偏离主题，在计划时间内顺利实现教研目标。

三、思维导图在教研成果展示与交流中的应用

在协作教研中，成果展示是对个体或小组总结的教研成果进行分享、交流的重要环节，教师既能够互相观摩和借鉴学习，也能在展示中获得他人的指导和帮助，促进成果的修改、完善。文本式成果展示，关键信息与其他文字交织在一起，既不便于教师之间快速理解教研成果，也不便于教师在短时间内提出有针对性的建议。用思维导图可以重点突出、逻辑清晰地直观展现教研成果，支持教师同伴之间的高效交流，特别是当围绕相同主题开展汇报交流时，教师更容易迅速了解同伴或教研小组对同一主题思考的深度与广度，快速识别之间的异同点。

案例：学年项目学习周的活动总结与反思活动（3）

思维导图支持的教研成果展示与交流

- 教研主题：基于项目，解决问题，发展思维
- 教研参与者：广州市天河区冼村小学全体教师
- 教研组织者：郭海英

不同年级组的教师围绕自己年级开展项目学习的效果进行了深入反思，并用思维导图将效果与反思成果进行了呈现。通过各组的思维导图汇报，全体教师在短时间内全面了解了各年级的教研效果与反思成果，拓展了对该主题认识的广度和深度。

在教研成果展示与交流中，六年级组教师对其“古韵流芳的诗歌”项目的学习效果进行了总结与反思（图7-2-3）。六年级组教师除了总结项目学习中做得好的方面与不足的方面，还展示、分享了他们的创意点。一年级组教师则从三个方面对“生活技能”项目的学习效果进行了总结与反思（图7-2-4）。五年级组教师从“向人民英雄致敬”项目学习的优点、不足、改进三个方面，进行了效果总结与反思，小组教研成果如图7-2-5所示。他们提出的改进措施，不仅对

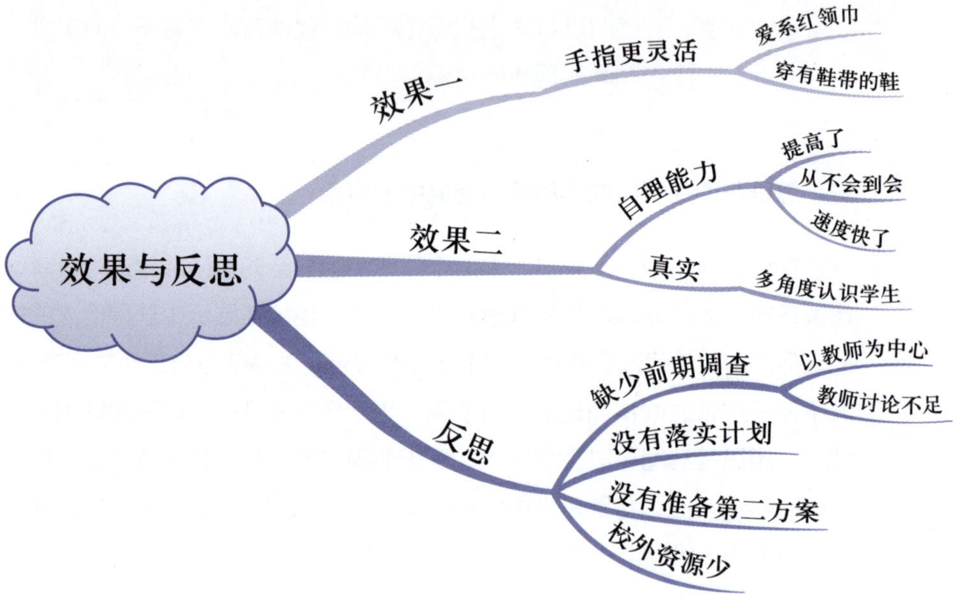

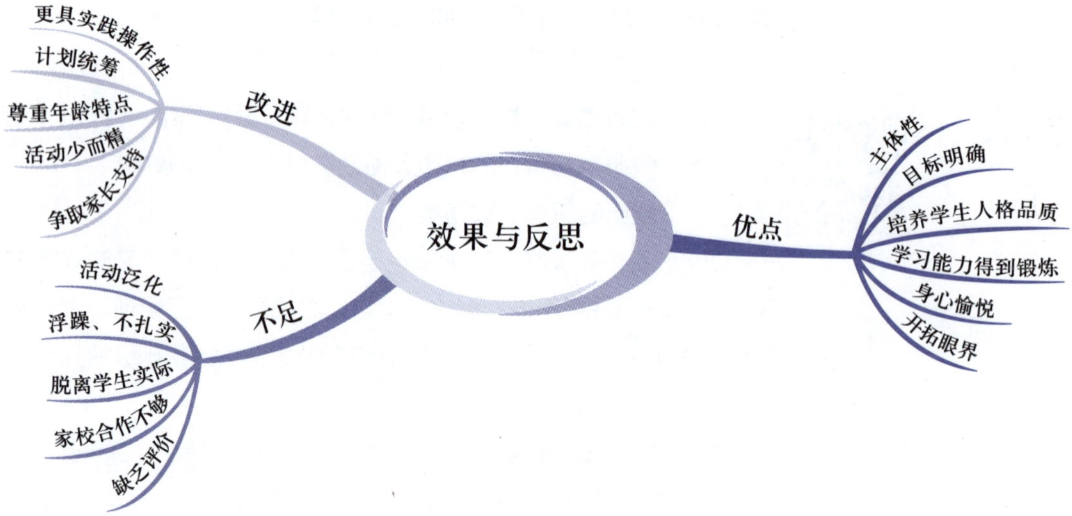

1>图7-2-3
六年级组教研成果
思维导图
2>图7-2-4
一年级组教研成果
思维导图
3>图7-2-5
五年级组教研成果
思维导图

思维导图支持的协作反思

于该小组进一步开展项目学习具有重要意义，对于其他年级设计项目学习也有重要的借鉴价值。

四年级组教师针对其“绿色生活你我他”项目进行了反思，如图7-2-6所示。在反思交流完成后，郭校长又引导教师围绕“主题与目标如何确立”进行思考，为日后开展项目学习积累经验，如图7-2-7所示。

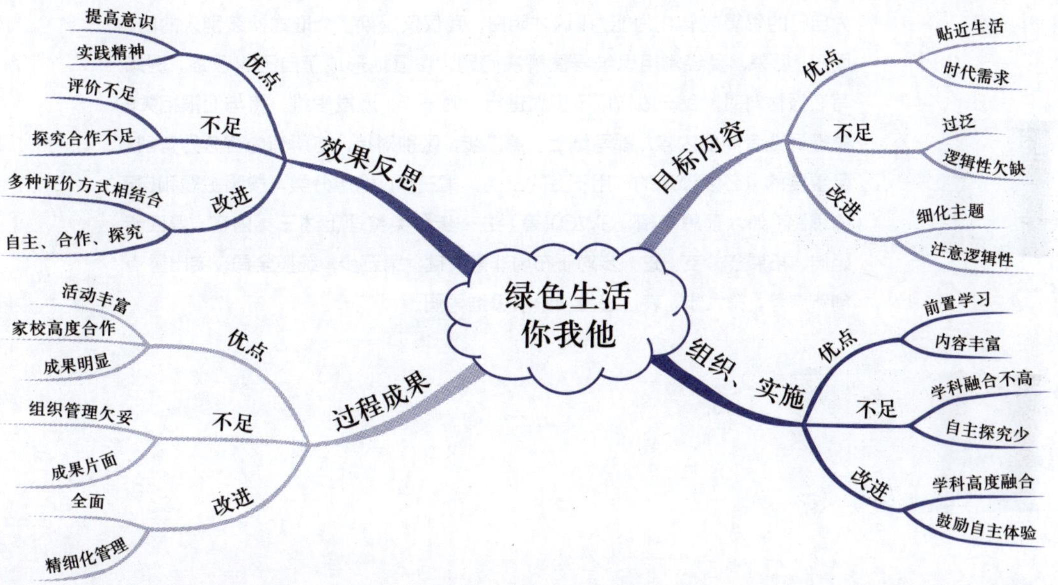

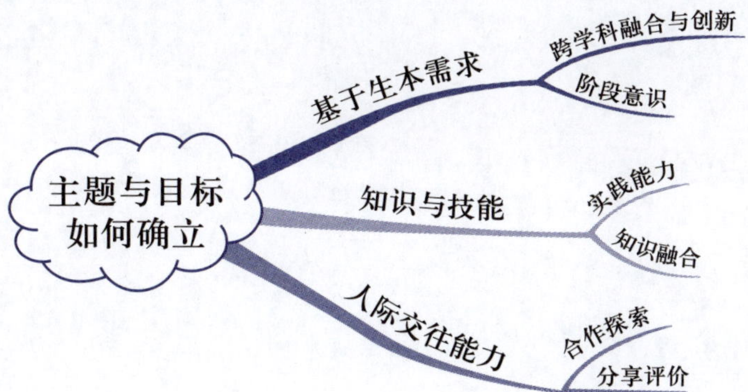

1
2

1>图7-2-6 项目实施结果反思思维导图：“绿色生活你我他”

2>图7-2-7 用思维导图呈现反思结果提炼：“主题与目标如何确立”

MOOC 学员有话说

深水里绽放：

在以往教研活动中，教师是被动的接受者，教研前缺乏准备，教研时忙于记笔记，教研后很少回顾总结。运用思维导图开展教研：教研前，教师可以初步了解教研内容，做好准备；在教研中，可以运用思维导图集思广益；教研后，可以用思维导图做总结，明确工作思路，提高执行力。

不觉晓0616：

起初，我只是将目录或文章结构以思维导图的形式呈现出来，那时还觉得自己很棒。一段时间后，我会忘记这些内容，究其原因是没有将这些知识内化为自己的思想或转化为能力！这才明白，我仅仅是换了个形式抄袭别人的内容而已！后来，我经常用思维导图解决问题，慢慢地形成了自己的思路。例如，写汇报材料时，我一般按以下步骤进行：第一步，激发思维，将与汇报相关的关键词或者简要内容，都写纸上。第二步，区别对待，将所有内容分为有创意又重要的、必须涉及的、用不上的三类。第三步，确定分类，按照主题和自己的思路（如六顶思考帽、SWOT等）进一步分类整理上述三类内容。第四步，延伸、拓展各分支。这一步对于布局非常关键。第五步，统揽全局，突出重点、创新点等。第六步，表达思维，分享思维导图。